TURING

图灵程序
设计丛书

图解深度学习

[日] 山下隆义 著

张弥 译

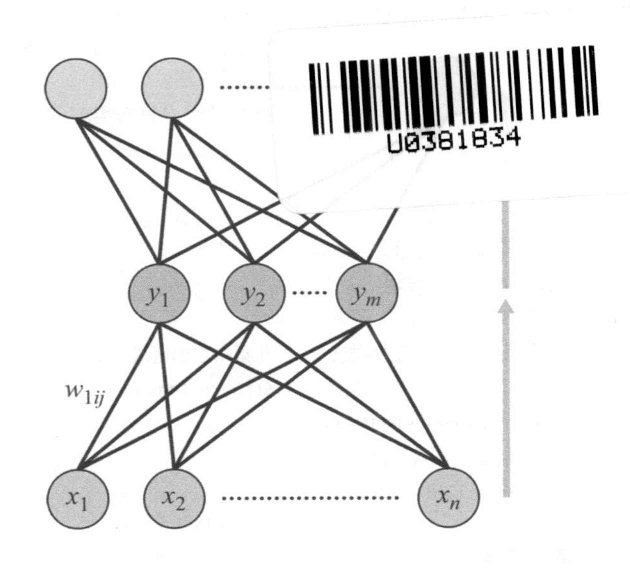

人民邮电出版社

北 京

图书在版编目（CIP）数据

图解深度学习 /（日）山下隆义著；张弥译. -- 北京：人民邮电出版社，2018.5
（图灵程序设计丛书）
ISBN 978-7-115-48024-8

Ⅰ. ①图… Ⅱ. ①山… ②张… Ⅲ. ①人工智能—算法—图解 Ⅳ. ①TP18-64

中国版本图书馆CIP数据核字（2018）第044100号

内 容 提 要

本书从深度学习的发展历程讲起，以丰富的图例从理论和实践两个层面介绍了深度学习的各种方法，以及深度学习在图像识别等领域的应用案例。内容涉及神经网络、卷积神经网络、受限玻尔兹曼机、自编码器、泛化能力的提高等。此外，还介绍了包括 Theano、Pylearn2、Caffe、DIGITS、Chainer 和 TensorFlow 在内的深度学习工具的安装和使用方法。

本书图例丰富，清晰直观，适合所有对深度学习感兴趣的读者阅读。

◆ 著　　　　[日] 山下隆义
译　　　　张　弥
责任编辑　高宇涵
执行编辑　侯秀娟
责任印制　周昇亮

◆ 人民邮电出版社出版发行　　北京市丰台区成寿寺路11号
邮编　100164　　电子邮件　315@ptpress.com.cn
网址　https://www.ptpress.com.cn
北京捷迅佳彩印刷有限公司印刷

◆ 开本：880×1230　1/32
印张：6.75　　　　　2018年5月第1版
字数：208千字　　　　2025年3月北京第32次印刷
著作权合同登记号　图字：01-2016-8301号

定价：59.00元

读者服务热线：（010）84084456-6009　印装质量热线：（010）81055316
反盗版热线：（010）81055315

前 言

本书是为想要从零开始学习深度学习的人编写的入门书。深度学习已成为当今社会的热门话题，关于深度学习的讨论更是不绝于耳。世界各地的大学和 IT 公司都在致力于深度学习的研究，并且已在多个领域取得了优异的成果。在图像识别和语音识别的基准测试中，基于深度学习的对象识别的性能达到顶级、识别精度达到甚至超过人类水平的案例不胜枚举。与此同时，在人工智能相关知识的自动获取及强化方面的研究也在如火如荼地进行中。更令人惊讶的是，这些案例都发生在过去两三年内。深度学习的环境发展日新月异，新方法也是层出不穷。在本书写作过程中又出现了一些新发表的研究案例或公开的深度学习研究工具，这些情况都是笔者在写作本书前始料未及的。这也让笔者深刻体会到编写一本深度学习入门书的难度之高。

笔者曾经做过几次深度学习研讨会上的特邀报告，也做过相关的辅导讲师。从听讲人数之多，也可见深度学习的受关注程度之高。为了让更广泛的人群，包括作为本书适用对象的初学者，都能很好地了解深度学习，笔者在演讲过程中尽可能地通过具体案例进行了说明。为了使初学者、将要开始挑战深度学习研究的大学生和研究生，以及企业的研究开发人员能够更好地了解深度学习的内容，本书以以往的演讲内容为基础，着重以简明易懂的方式进行说明。正如本书的书名所示，本书致力于通过图解让读者了解深度学习。

深度学习技术发展迅猛，同时也有着悠久的历史背景，其概念源于神经网络技术。本书首先会介绍深度学习的历史，帮助读者理解神经网络，然后会尽可能全面地介绍深度学习的基本方法，最后则是介绍一些近期出现的应用方法。

本书会尽可能地提供一些可供参考的案例，使读者既能了解深度学习的学术知识，也能了解一些实际的应用技巧。另外，本书也会介绍一些开源深度学习工具的安装方法及简单的应用案例。希望这些工具能为读者的深度学习研究带来些许帮助。但是，目前关于深度学习的工具，多数还处于开发过程中并未完成，可能时常会进行升级和更新。所以，本书所述的安装方法和实现方法也将随之变化，敬请理解。

希望读者通过本书，在学习深度学习知识的同时，能够产生新的想法，并把自己的好方法及应用事例传递给全世界。如果本书能够为深度学习的人才培养贡献绵薄之力，实乃荣幸之至。

最后，在写作本书的过程中，从构思、执笔到最终校对完成，笔者得到了很多人的支持和鼓励，在此表示由衷的感谢。

山下隆义

目 录

第1章 绪论

1.1 深度学习与机器学习 …… 2
1.2 深度学习的发展历程 …… 3
1.3 为什么是深度学习 …… 6
1.4 什么是深度学习 …… 7
1.5 本书结构 …… 9

第2章 神经网络

2.1 神经网络的历史 …… 12
2.2 M-P 模型 …… 14
2.3 感知器 …… 16
2.4 多层感知器 …… 18
2.5 误差反向传播算法 …… 19
2.6 误差函数和激活函数 …… 28
2.7 似然函数 …… 30
2.8 随机梯度下降法 …… 31
2.9 学习率 …… 32
2.10 小结 …… 33

第3章 卷积神经网络

3.1 卷积神经网络的结构 …… 36
3.2 卷积层 …… 38
3.3 池化层 …… 39
3.4 全连接层 …… 40

3.5 输出层 ……41
3.6 神经网络的训练方法 ……41
3.7 小结 ……48

第 4 章 **受限玻尔兹曼机**

4.1 Hopfield 神经网络 ……50
4.2 玻尔兹曼机 ……55
4.3 受限玻尔兹曼机 ……59
4.4 对比散度算法 ……61
4.5 深度信念网络 ……64
4.6 小结 ……66

第 5 章 **自编码器**

5.1 自编码器 ……68
5.2 降噪自编码器 ……71
5.3 稀疏自编码器 ……73
5.4 栈式自编码器 ……76
5.5 在预训练中的应用 ……77
5.6 小结 ……78

第 6 章 **提高泛化能力的方法**

6.1 训练样本 ……80
6.2 预处理 ……88
6.3 激活函数 ……92
6.4 Dropout ……94
6.5 DropConnect ……96
6.6 小结 ……98

第7章 深度学习工具

7.1 深度学习开发环境 …… 100
7.2 Theano …… 100
7.3 Pylearn2 …… 108
7.4 Caffe …… 118
7.5 训练系统——DIGITS …… 137
7.6 Chainer …… 145
7.7 TensorFlow …… 160
7.8 小结 …… 176

第8章 深度学习的现在和未来

8.1 深度学习的应用案例 …… 178
8.2 深度学习的未来 …… 195
8.3 小结 …… 197

参考文献 …… 198

注意事项

- 本书发行之际，内容上我们已力求完美。若您发现本书存在不足和错误、漏写等问题，请联系出版方。
- 对于因本书内容运用不当或无法运用而导致的结果，作译者和出版社均不承担任何责任，敬请知悉。
- 本书中的信息均截至 2016 年 1 月。
- 本书中的网站等可能在未事先告知的情况下发生变化。
- 本书中的公司名称和产品名称、服务名称等一般为各公司的商标或注册商标。

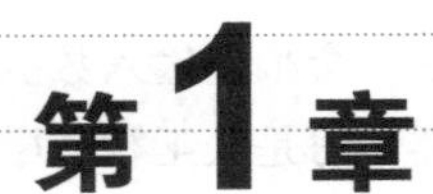

绪论

为什么深度学习受到如此广泛的重视？深度学习又有哪些方法？本章将通过解答这些疑问，与各位一起开启深度学习之旅。

1.1 深度学习与机器学习

深度学习（deep learning）是一种机器学习方法，会根据输入数据进行分类或递归。那么，机器学习又是什么呢？机器学习是人工智能中一个新的研究领域。通过机器学习，机器人或计算机等机器可以通过经验（学习）自动获得动作参数。现在机器学习的广义概念是指从已知数据中获得规律，并利用规律对未知数据进行预测的方法。机器学习可用于自然语言处理、图像识别、生物信息学以及风险预测等，已在工程学、经济学以及心理学等多个领域得到了成功应用。

那么，如何进行机器学习呢？即怎样才能让机器人和计算机等机器学习经验呢？机器学习是一种统计学习方法，需要使用大量数据进行学习，主要分为有监督学习和无监督学习两种。有监督学习需要基于输入数据及其期望输出①，通过训练从数据中提取通用信息或特征信息（特征值），以此得到预测模型。这里的特征值是指根据颜色和边缘等人为定义的提取方法从训练样本中提取的信息（图1.1）。无监督学习无需期望输出，算法会自动从数据中提取特征值。那么深度学习是使用有监督学习还是无监督学习呢？答案是两种方法都会使用。后面的章节将会详细介绍具体有哪些学习方法。无论有监督学习还是无监督学习，都需要使用大量数据训练网络，实现对给定数据进行分类或递归。深度学习是一个多层网络结构，和人脑的认知结构相似。

① 即监督信号。有时，有监督学习/无监督学习又称为有教师学习/无教师学习，因此监督信号又称为教师信号。——译者注

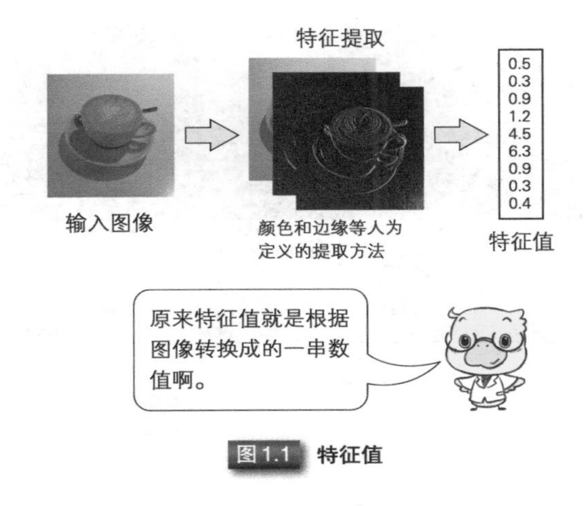

图 1.1 特征值

1.2 深度学习的发展历程

深度学习并非一项横空出世的新技术，而是在出现了一系列的案例研究报告后，才受到万众瞩目。这里首先要介绍的是 2011 年语音识别领域的研究报告[24, 61]。在以往的语音识别中，使用高斯混合模型（Gaussian Mixture Model，GMM）和隐马尔可夫模型（Hidden Markov Model，HMM）的方法被普遍应用，人们争相改良这些方法，以期语音识别的性能能够在接近性能极限的有限范围内得到些许提升。而深度学习方法直接打破了原有的性能极限，使语音识别的性能得到大幅提高，并于 2011 年的基准测试中达到顶级。

深度学习的洪流也席卷了图像识别领域。在图像识别领域，每年都会举办物体识别竞赛。以往的图像识别普遍使用尺度不变特征变换（Scale-Invariant Feature Transform，SIFT）、视觉词袋模型（Bag of Visual Words，BoVW）特征表达，以及费舍尔向量（Fishier Vector，FV）等尺度压缩方法。这里，深度学习方法的引入再次打破了原有方法的性能壁垒，使性能得到大幅提升（图 1.2）[34]。由此，深度学习在图像识别领域的有效性得到确定，其自身也被广泛应用。

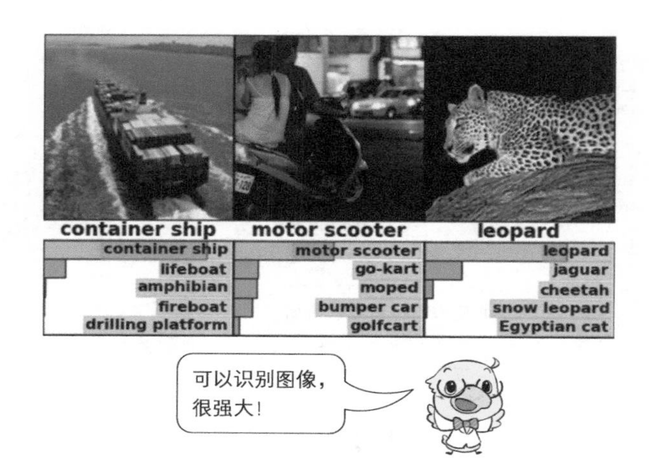

图 1.2　基于深度学习的物体识别

摘自文献 [34]Figure 4

同时期，Google 开发的自动学习方法通过深度学习实现了猫脸识别 [48]，这使得深度学习变得广为人知（图 1.3）。Google 使用的是无监

训练数据使用 YouTube 上的视频，
系统能够自动获取对特定图像做出反应的神经元

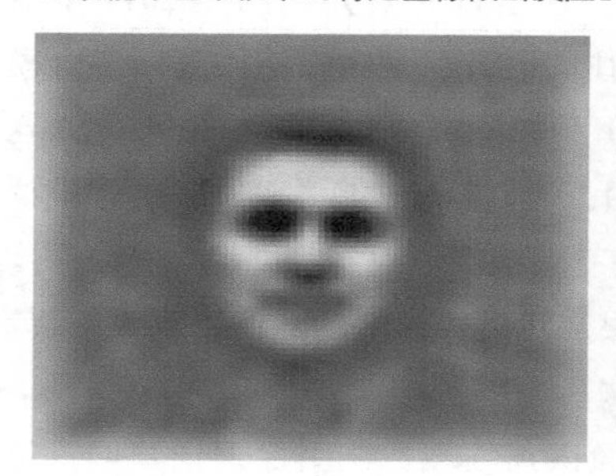

对人脸做出反应的神经元的均值图像

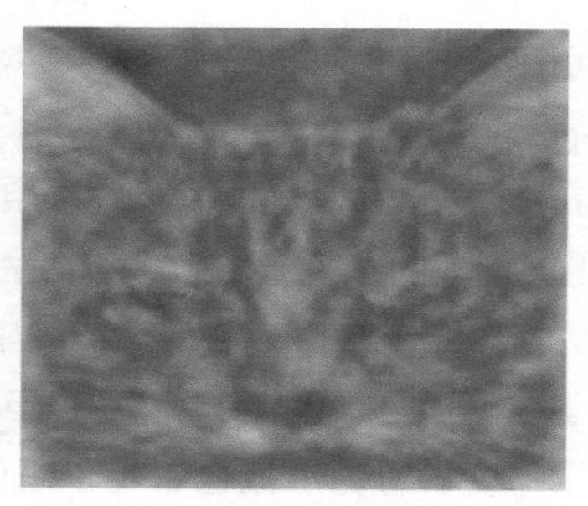

对猫脸做出反应的神经元的均值图像

是因为视频中频繁出现
人脸或猫脸，所以系统
才能够自动识别的吗？

图 1.3　自动获取对人脸和猫脸做出反应的神经元图像

摘自文献 [48]Figure3 和 Figure6

督学习的方法，向计算机展示 YouTube 上的视频后，系统能够自动获取对“猫脸”产生强烈反应的特定神经元。这个过程与婴儿识别物体并记住物体名称的过程一致。除猫脸外，这种学习方法也能自动获取对人脸做出反应的神经元。

Google 收购的 DeepMind 公司也提出了一种自动学习方法——在设置游戏任务后，机器能够自动学习如何操作才能得到高分 [45, 46]。这种方法被科学杂志 *Nature* 刊载——这在人工智能研究中具有划时代的意义。

深度学习之所以能吸引众多领域的关注，也得益于人们可以非常轻松地获取大量训练数据，多种性能提升方法的出现，以及 GPU 和内存等硬件的进步，这些因素完美地结合到了一起。由于互联网的普及以及高速通信环境的逐步完善，人们能够从互联网上获取大量公开的图像数据。目前用于图像识别的数据集中包含了数百万张图像 [32, 53]，用于语音识别的数据集中也包含了数百小时的语音数据。为了提升性能，人们提出了 Dropout 等防止过拟合的方法 [65]，为了使训练过程顺利收敛，人们又提出了激活函数 [47] 和预训练方法 [4] 等，这些方法对深度学习的性能提升起到了支撑作用。

而硬件的进步主要体现在 GPU 的问世，其高性能为深度学习的飞跃性发展提供了硬件支撑。GPU 是图形处理器（Graphics Processing Unit）的简称，专门用在游戏或图形软件等图形处理单元（图 1.4）。GPU 中集成了大量计算单元，能够提供并行运算的能力。目前，NVIDIA 就提供了一种名为 CUDA 的并行计算编程环境，而 NVIDIA 的 GPU 包括面向大众的 GeForce 系列和面向科学计算的 Tesla 系列，以及面向嵌入式的 GPU 主板 Tegra 系列。处理时间长是深度学习的一个主要问题，而 CUDA 支持并行处理，不仅可以帮助 GPU 大幅缩短处理时间，还能提供面向深度学习的快速计算库 [10]。特别是最近几年，随着 GPU 处理能力的飞速进步，在 2012 年需要 1 个月才能完成的深度学习训练，在 2015 年只需几天即可完成。在这样的背景下，深度学习的发展恰逢其时，将会引发进一步的革新和发展。

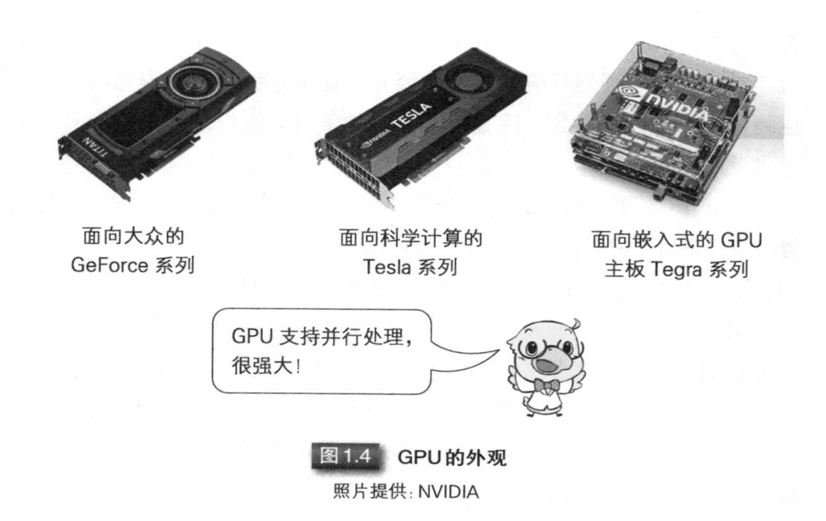

图 1.4 GPU 的外观

照片提供：NVIDIA

1.3 为什么是深度学习

深度学习在各个领域的基准测试中均打破了原有的性能极限，取得了令人瞩目的成绩。此外，深度学习还能模仿人脑机制获取知识。在基准测试中取得好成绩也证明了深度学习方法的优越性。深度学习的精妙之处更在于能够自动学习提取什么样的特征才能获得更好的性能。如图 1.5 所示，以往的机器学习都是人类手动设计特征值。例如，在进行图像分类时，需要事先确定颜色、边缘或范围，再进行机器学习；而深度学习则是通过学习大量数据自动确定需要提取的特征信息，甚至还能自动获取一些人类无法想象的由颜色和边缘等组合起来的特征信息。所以，利用深度学习，即便是难度较高的认证问题也能得到绝佳的性能。

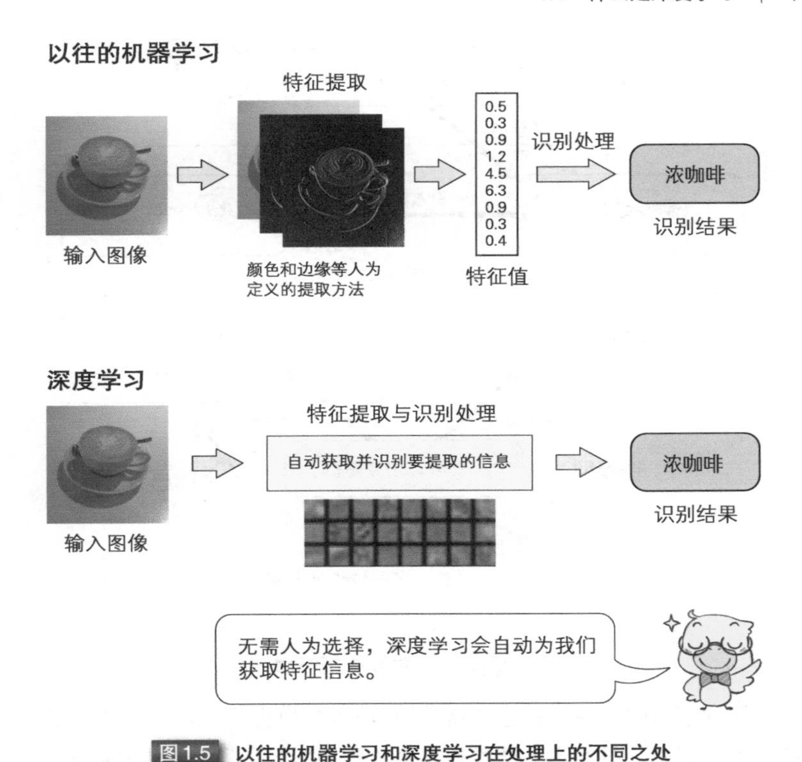

图 1.5　以往的机器学习和深度学习在处理上的不同之处

1.4 什么是深度学习

"深度学习"只是一个概念性描述，那么到底什么是深度学习呢？深度学习一般是指具有多层结构的网络，不过对于网络的层数没有严格定义，网络生成方法也是多种多样。深度学习的分类方法有很多种，按照起源分类的结果如图 1.6 所示。

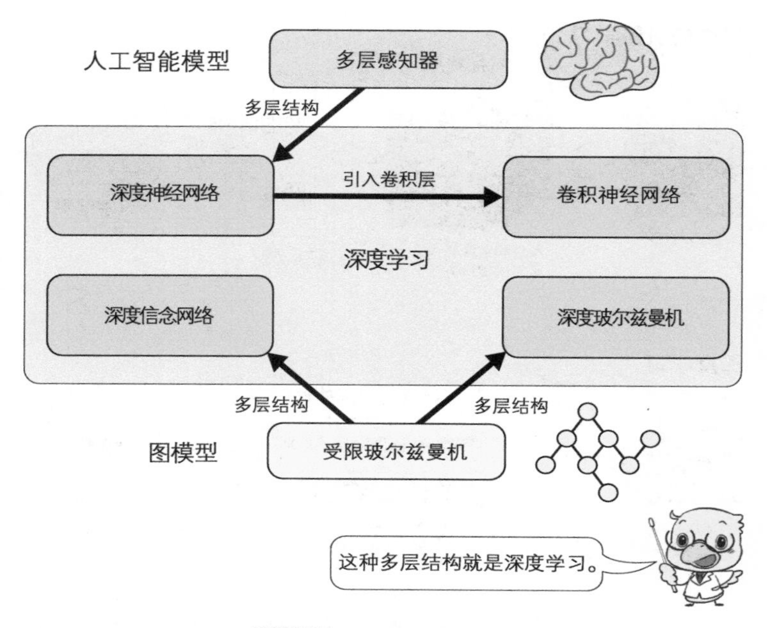

图1.6 深度学习方法的分类

深度学习的起源包括感知器[55]和玻尔兹曼机[1]。起源于“感知器”的深度学习中，最基本的结构是把多个感知器组合到一起得到的多层感知器。在多层感知器的基础上加入类似人类视觉皮质的结构而得到的卷积神经网络[35, 36]被广泛应用于图像识别领域。起源于“基于图模型的玻尔兹曼机”的深度学习中，深度玻尔兹曼机[60]以及深度信念网络[25]是通过把多个受限玻尔兹曼机[15, 64]组合到一起而得到的。

起源于感知器的深度学习是一种有监督学习，根据期望输出训练网络；而起源于受限玻尔兹曼机的深度学习是一种无监督学习，只根据特定的训练数据训练网络。

1.5 本书结构

本书将会介绍各种深度学习方法，以及深度学习在当前图像识别领域的应用。第 2 章将通过神经网络的历史介绍深度学习的发展历程，并对作为神经网络起源的感知器和多层感知器，训练多层感知器时使用的误差反向传播算法，以及使用误差反向传播算法的随机梯度下降法等进行说明。目的是让大家理解多层感知器的原理并能够自行实现。

第 3 章将介绍在图像识别领域广泛应用的卷积神经网络，并讲解卷积神经网络的各层结构及其训练方法。在使用卷积神经网络时，需要预设大量参数。我们将结合示例来说明当参数改变后，性能会发生哪些变化。

第 4 章将介绍基于图模型的玻尔兹曼机和受限玻尔兹曼机，以及多层组合后得到的深度信念网络，并对受限玻尔兹曼机训练时使用的对比散度（Contrastive Divergence，CD）算法进行说明。

第 5 章将介绍自编码器。这是一种利用感知器的表达形式，有效进行信息压缩、提高多层神经网络或卷积神经网络训练效率的方法。

第 6 章将介绍能够提高深度学习算法泛化能力的 Dropout、DropConnect 方法，以及预处理及激活函数等，并对支撑深度学习训练的数据集进行说明。

第 7 章将介绍一些开源深度学习工具。

第 8 章将介绍当前被广泛应用的深度学习研究案例。

本书会从理论和实践两个方面介绍深度学习的方法和工具。希望进一步了解深度学习的读者，请参照文献 [82, 83]。

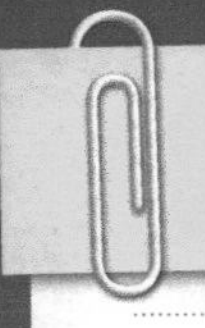

第2章

神经网络

MARKER PEN BULE

在神经网络的发展历程中，出现过几次蓬勃发展的时期。在此期间，人们提出了多层感知器和误差反向传播等方法。要想理解深度学习，就必须掌握这些基本方法。本章首先会介绍神经网络的历史，然后对神经网络的具体内容及误差反向传播算法进行说明。

2.1 神经网络的历史

深度学习是基于神经网络发展起来的技术，而神经网络的发展具有悠久的历史，且发展历程可谓一波三折。如今，历经两次潮起潮落后，神经网络迎来了它的第三次崛起。图 2.1 展示了其发展历程中的转折点。通过此图还可以看出，人们对神经网络的研究可以追溯到 20 世纪 40 年代，并且第一次热潮持续到了 20 世纪 60 年代末。1943 年，美国神经生理学家沃伦·麦卡洛克（Warren McCulloch）和数学家沃尔特·皮茨（Walter Pitts）对生物神经元进行建模，首次提出了一种形式神经元模

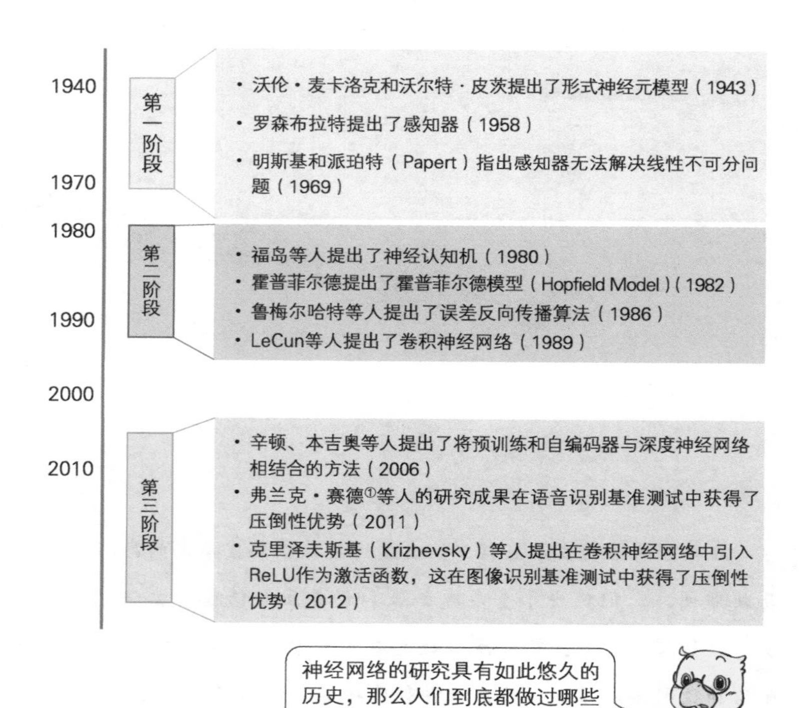

图 2.1 神经网络的历史

① 即 Frank Seide，现任微软亚洲研究院主管研究员。——译者注

型[43]。这个神经元模型通过电阻等元件构建的物理网络得以实现，被称为 M-P 模型。1958 年，罗森布拉特（Roseblatt）又提出了感知器，这意味着经过训练后，计算机能够确定神经元的连接权重。就这样，神经网络的研究迎来了第一次热潮[55]。然而在 1969 年，明斯基（Minsky）等人指出感知器无法解决线性不可分问题，使得神经网络的研究陷入了低潮[44]。

这一时期面临的主要问题是感知器无法解决逻辑异或运算这样的线性不可分问题。这个问题可以通过多层感知器解决，但是当时人们还不清楚如何进行分层训练。20 世纪 80 年代，鲁梅尔哈特（Rumelhart）等人提出了误差反向传播算法（Back Propagation，BP）[58]，通过设置多层感知器，解决了线性不可分问题。同一时期，福岛①等人提出了神经认知机②，神经认知机模拟了生物的视觉传导通路[16]；LeCun③等人将相当于生物初级视皮层的卷积层引入到神经网络中，提出了卷积神经网络[35, 36]。使用误差反向传播算法虽然能够进行分层训练，但是仍然存在一些问题，比如训练时间过长，只能根据经验设定参数，没有预防过拟合的理论依据[62]，再加上当时支持向量机（Support Vector Machine，SVM）等方法备受瞩目，因此神经网络的研究再次陷入了低潮。

尽管神经网络的研究陷入低潮，但辛顿（Hinton）[22, 25, 26, 47, 60]和本杰奥（Bengio）[3, 4, 18, 56]等人并未停止研究，继续为神经网络的发展打基础。得益于他们的研究成果，自 2011 年起，神经网络就在语音识别和图像识别基准测试中获得了压倒性优势，自此迎来了它的第三次崛起。而且由于卷积神经网络的结构非常适合用于识别图像，再结合那些研究成果，所以也重新受到了人们的重视。与第二次崛起时不同的是，在这个时期，硬件已得到了进一步发展，大量训练数据的收集也更加容易。在硬件方面，通过高速的 GPU 并行运算，只需几天即可完成深层

① 即福岛邦彦（Kunihiko Fukushima），日本京都大学博士毕业，现为 Fuzzy Logic Systems Institute 特别研究员。——编者注

② Neocognitron，也有“新认知机”的译法，本书统一采用“神经认知机”这个译词。——译者注

③ 即 Yann LeCun，现任 Facebook AI 研究院院长，被称为卷积神经网络之父。他本人曾于 2017 年 3 月在清华大学演讲时公布自己的中文名为杨立昆。——编者注

网络（例如 10 层网络）的训练。另外，随着互联网的普及，我们能够获得大量的训练数据，进而抑制过拟合。这些外界环境的变化也为神经网络的技术进步提供了有力支撑。

从下一节开始，我们将按顺序介绍这个历史背景下的神经网络。

2.2 M-P模型

M-P 模型是首个通过模仿神经元而形成的模型 [43]。如图 2.2 所示，在 M-P 模型中，多个输入节点 $\{x_i \mid i=1, \ldots, n\}$ 对应一个输出节点 y。每个输入 x_i 乘以相应的连接权重 w_i，然后相加得到输出 y。结果之和如果大于阈值 h，则输出 1，否则输出 0。输入和输出均是 0 或 1。

$$y = f\left(\sum_{i=1}^{n} w_i x_i - h\right) \tag{2.1}$$

M-P 模型可以表示 AND 和 OR 等逻辑运算。如图 2.3 所示，M-P 模型在表示各种逻辑运算时，可以转化为单输入单输出或双输入单输出的模型。

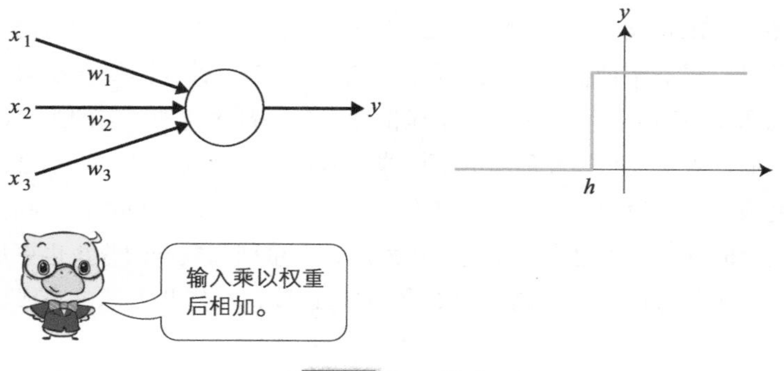

图 2.2 M-P模型

取反运算符（NOT 运算符）可以使用图 2.3(a) 所示的单输入单输出的 M-P 模型来表示。使用取反运算符时，如果输入 0 则输出 1，输入 1 则输出 0，把它们代入 M-P 模型的公式 (2.1)，可以得到 $w_i=-2, h=-1$。

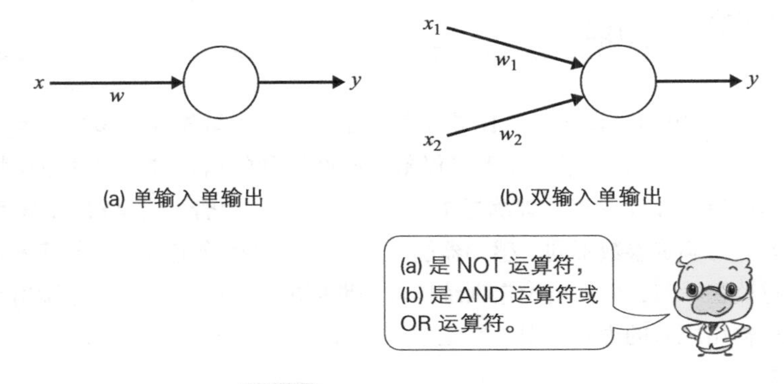

图2.3 用M-P模型表示逻辑运算

逻辑或（OR 运算符）和逻辑与（AND 运算符）可以使用图 2.3(b) 所示的双输入单输出 M-P 模型来表示。各运算符的输入与输出的关系如表 2.1 所示。根据表中关系，以 OR 运算为例时，公式 (2.1) 中的 w_i 和 h 分别为 $w_1 = 1, w_2 = 1, h = 0.5$，把它们代入公式 (2.1) 可以得到下式。

$$y = f(x_1 + x_2 - 0.5) \tag{2.2}$$

以 AND 运算为例时，$w_1 = 1, w_2 = 1, h = 1.5$，把它们代入公式 (2.1) 可以得到下式。

$$y = f(x_1 + x_2 - 1.5) \tag{2.3}$$

由此可见，使用 M-P 模型可以进行逻辑运算。但是，上述的 w_i 和 h 是如何确定的呢？当时还没有通过对训练样本进行训练来确定参数的方法，只能人为事先计算后确定。此外，M-P 模型已通过电阻得到了物理实现。

表2.1 OR运算符和AND运算符的输入输出

输入x_1	输入x_2	OR运算符的输出	AND运算符的输出
0	0	0	0
0	1	1	0
1	0	1	0
1	1	1	1

2.3 感知器

2.2 节中的逻辑运算符比较简单，还可以人为事先确定参数，但逻辑运算符 w_i 和 h 的组合并不仅仅限于前面提到的这几种。罗森布拉特提出的感知器能够根据训练样本自动获取样本的组合 [55]。与 M-P 模型需要人为确定参数不同，感知器能够通过训练自动确定参数。训练方式为有监督学习，即需要设定训练样本和期望输出，然后调整实际输出和期望输出之差的方式（误差修正学习）。误差修正学习可用公式 (2.4) 和 (2.5) 表示。

$$w_i \leftarrow w_i + \alpha(r - y)x_i \tag{2.4}$$

$$h \leftarrow h - \alpha(r - y) \tag{2.5}$$

α 是确定连接权重调整值的参数。α 增大则误差修正速度增加，α 减小则误差修正速度降低 ①。

感知器中调整权重的基本思路如下所示。

- 实际输出 y 与期望输出 r 相等时，w_i 和 h 不变
- 实际输出 y 与期望输出 r 不相等时，调整 w_i 和 h 的值

参数 w_i 和 h 的调整包括下面这两种情况。

1. 实际输出 $y=0$、期望输出 $r=1$ 时（未激活）
   - 减小 h
   - 增大 $x_i=1$ 的连接权重 w_i
   - $x_i=0$ 的连接权重不变
2. 实际输出 $y=1$、期望输出 $r=0$ 时（激活过度）
   - 增大 h
   - 降低 $x_i=1$ 的连接权重 w_i
   - $x_i=0$ 的连接权重不变

训练过程如下所示。

① α 可以看作是学习率，用于控制调整速度，太大会影响训练的稳定性，太小则使训练的收敛速度变慢。——译者注

感知器的训练

0. 训练准备
  - 准备 N 个训练样本 x_i 和期望输出 r_i
  - 初始化参数 w_i 和 h

1. 调整参数

  1.1. 迭代调整，直到误差为 0 或小于某个指定数值

    1.1.1. 逐个加入训练样本，计算实际输出
    - 实际输出和期望输出相等时
      参数不变
    - 实际输出和期望输出不同时
      通过误差修正学习调整参数

  重复上述步骤 1.1.1

重复上述步骤 1.1

因为感知器会利用随机数来初始化各项参数，所以训练得到的参数可能并不相同。

使用误差修正学习[21]，我们可以自动获取参数，这是感知器引发的一场巨大变革。但是，感知器训练只能解决如图 2.4(a) 所示的线性可分问题，不能解决如图 2.4(b) 所示的线性不可分问题。为了解决线性不可分问题，我们需要使用多层感知器。

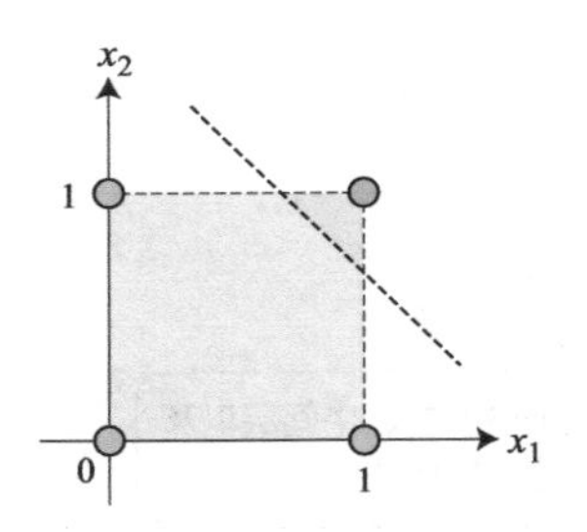

(a) 区分一个正例和其他样本

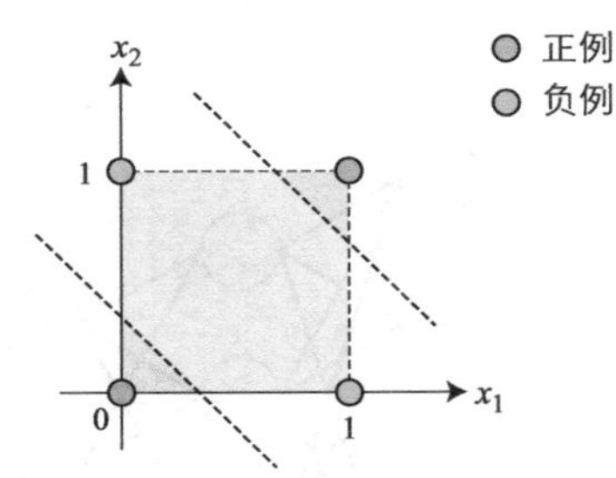

(b) 区分两个正例和两个负例

无法用一条直线将两个类别区分开的就是线性不可分问题。

图 2.4 线性可分问题与线性不可分问题

2.4 多层感知器

为了解决线性不可分等更复杂的问题，人们提出了多层感知器（multilayer perceptron）模型。如图 2.5 所示，多层感知器指的是由多层结构的感知器递阶组成的输入值向前传播的网络，也被称为前馈网络或正向传播网络。

多层感知器通常采用三层结构，由输入层、中间层及输出层组成。与公式 (2.1) 中的 M-P 模型相同，中间层的感知器通过权重与输入层的各单元（unit）相连接，通过阈值函数计算中间层各单元的输出值。中间层与输出层之间同样是通过权重相连接。那么，如何确定各层之间的连接权重呢？单层感知器是通过误差修正学习确定输入层与输出层之间的连接权重的。同样地，多层感知器也可以通过误差修正学习确定两层之间的连接权重。误差修正学习是根据输入数据的期望输出和实际输出之间的误差来调整连接权重，但是不能跨层调整，所以无法进行多层训练。因此，初期的多层感知器使用随机数确定输入层与中间层之间的连接权重，只对中间层与输出层之间的连接权重进行误差修正学习。所以，就会出现输入数据虽然不同，但是中间层的输出值却相同，以至于无法准确分类的情况。那么，多层网络中应该如何训练连接权重呢？人们提出了误差反向传播算法。

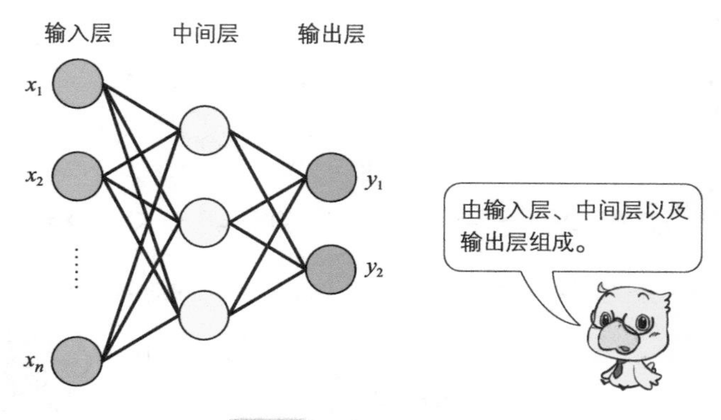

图 2.5　多层感知器的结构

2.5 误差反向传播算法

多层感知器中，输入数据从输入层输入，经过中间层，最终从输出层输出。因此，误差反向传播算法 [57] 就是通过比较实际输出和期望输出得到误差信号，把误差信号从输出层逐层向前传播得到各层的误差信号，再通过调整各层的连接权重以减小误差。权重的调整主要使用梯度下降法（gradient descent method）。如图 2.6 所示，通过实际输出和期望输出之间的误差 E 和梯度，确定连接权重 w^0 的调整值，得到新的连接权重 w^1。然后像这样不断地调整权重以使误差达到最小，从中学习得到最优的连接权重 w^{opt}。这就是梯度下降法。

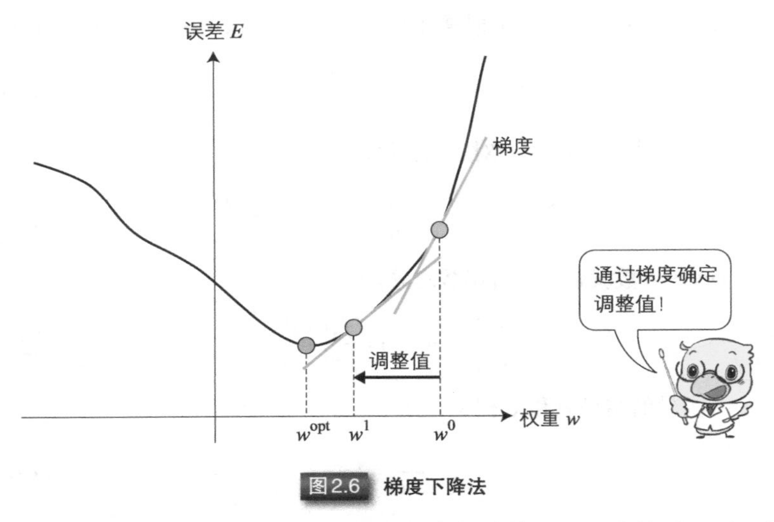

图 2.6 梯度下降法

下面我们就来看看误差和权重调整值的计算方法。计算误差可以使用最小二乘误差函数（参照公式 (2.43)）。通过期望输出 r 和网络的实际输出 y 计算最小二乘误差函数 E。E 趋近于 0，表示实际输出与期望输出更加接近。所以，多层感知器的训练过程就是不断调整连接权重 w，以使最小二乘误差函数趋近于 0。

接着再来看一下权重调整值。根据上述说明，权重需要进行调整以使最小二乘误差函数趋近于 0。对误差函数求导就能得到图 2.6 中给定点的梯度，即可在误差大时增大调整值，误差小时减小调整值，所以连接权重调整值 Δw 可以用公式 (2.6) 表示。

$$\Delta w = -\eta \frac{\partial E}{\partial w} \tag{2.6}$$

η 表示学习率①，这个值用于根据误差的程度进行权重调整。

通过误差反向传播算法调整多层感知器的连接权重时，一个瓶颈问题就是激活函数。M-P 模型中使用 step 函数作为激活函数，只能输出 0 或 1，不连续所以不可导。为了使误差能够传播，鲁梅尔哈特等人提出使用可导函数 sigmoid 作为激活函数 $f(u)$ [58][公式 (2.44) 和公式 (2.45) 会讲到]。

为了让大家更好地理解误差反向传播算法的过程，下面我们首先以单层感知器为例进行说明。根据复合函数求导法则，误差函数求导如下所示。

$$\frac{\partial E}{\partial w_i} = \frac{\partial E}{\partial y}\frac{\partial y}{\partial w_i} \tag{2.7}$$

设 $y = f(u)$，求误差函数 E 对 w_i 的导数。

$$\frac{\partial E}{\partial w_i} = -(r-y)\frac{\partial y}{\partial w_i} = -(r-y)\frac{\partial f(u)}{\partial w_i} \tag{2.8}$$

$f(u)$ 的导数就是对复合函数求导。

$$\frac{\partial E}{\partial w_i} = -(r-y)\frac{\partial f(u)}{\partial u}\frac{\partial u}{\partial w_i} \tag{2.9}$$

u 对 w_i 求导的结果只和 x_i 相关，如下所示。

$$\frac{\partial u}{\partial w_i} = x_i \tag{2.10}$$

将公式 (2.10) 代入公式 (2.9) 中，得到下式。

$$\frac{\partial E}{\partial w_i} = -(r-y)x_i\frac{\partial f(u)}{\partial u} \tag{2.11}$$

这里，对 sigmoid 函数求导。

① 学习率决定了参数移动到最优值的速度快慢。如果学习率过大，很可能会越过最优值；反之，如果学习率过小，优化的效率可能降低，收敛速度会很慢。

——译者注

$$\frac{\partial f(u)}{\partial u}=f(u)(1-f(u)) \tag{2.12}$$

把公式 (2.12) 代入公式 (2.11) 中，得到下式。

$$\frac{\partial E}{\partial w_i}=-(r-y)x_i f(u)(1-f(u)) \tag{2.13}$$

由于 $y=f(u)$，可以计算出单层感知器的权重调整值，如下所示。

$$\Delta w_i=-\eta\frac{\partial E}{\partial w_i}=\eta(r-y)y(1-y)x_i \tag{2.14}$$

下面我们来看一下图 2.7 所示的多层感知器。多层感知器的误差函数 E 等于各输出单元的误差总和①，如下所示。

$$E=\frac{1}{2}\sum_{j=1}^{q}(r_j-y_j)^2 \tag{2.15}$$

对误差函数求导。

$$\frac{\partial E}{\partial w_{ij}}=\frac{\partial E}{\partial y_j}\frac{\partial y_j}{\partial w_{ij}} \tag{2.16}$$

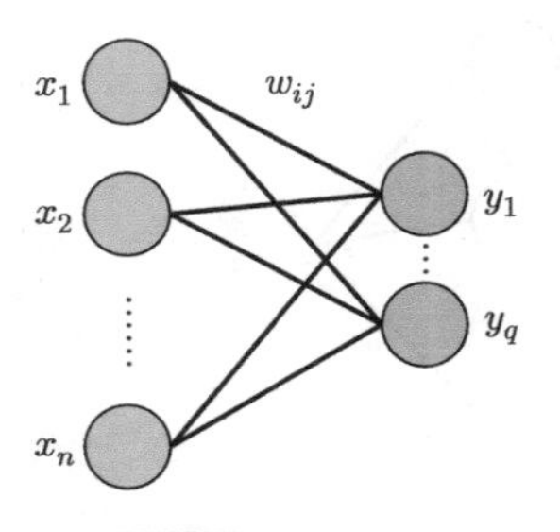

图 2.7 多层感知器

w_{ij} 表示 x_i 和 y_j 之间的连接权重，对 E 求导的结果只和 y_j 相关，如下所示。

$$\frac{\partial E}{\partial w_{ij}}=-(r_j-y_j)\frac{\partial y_j}{\partial w_{ij}} \tag{2.17}$$

像单层感知器那样，把公式 (2.17) 展开后对复合函数求导。

---

① 公式 (2.15) 中添加 1/2，是为了对 E 的 $(r_j-y_j)^2$ 求导时不产生多余的系数。

$$\frac{\partial E}{\partial w_{ij}} = -(r_j - y_j)\frac{\partial y_j}{\partial u_j}\frac{\partial u_j}{\partial w_{ij}} \tag{2.18}$$

下面就和单层感知器一样，对误差函数求导。

$$\frac{\partial E}{\partial w_{ij}} = -(r_j - y_j)y_j(1-y_j)x_i \tag{2.19}$$

权重调整值如下所示。

$$\Delta w_{ij} = \eta(r_j - y_j)y_j(1-y_j)x_i \tag{2.20}$$

由上可知，多层感知器中，只需使用与连接权重 w_{ij} 相关的输入 x_i 和输出 y_j，即可计算连接权重调整值。

下面再来看一下包含中间层的多层感知器。首先是只有一个输出单元 y 的多层感知器，如图 2.8 所示。w_{1ij} 表示输入层与中间层之间的连接权重，w_{2j1} 表示中间层与输出层之间的连接权重。i 表示输入层单元，j 表示中间层单元。

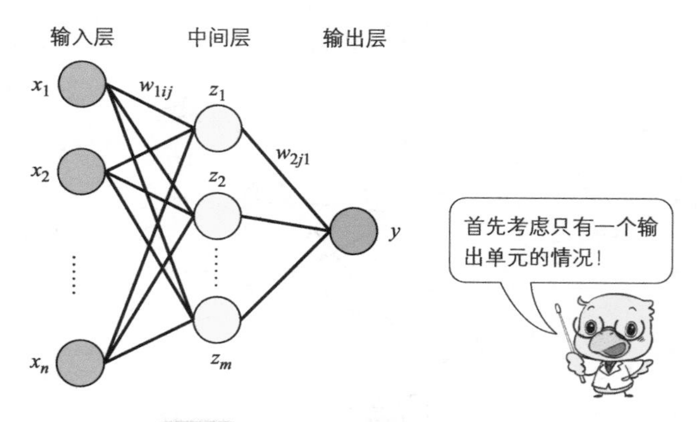

图 2.8 只有一个输出单元的多层感知器

首先来调整中间层与输出层之间的连接权重。和上面的步骤一样，把误差函数 E 对连接权重 w_{2j1} 求导展开成复合函数求导。

$$\frac{\partial E}{\partial w_{2j1}} = \frac{\partial E}{\partial y}\frac{\partial y}{\partial u_{21}}\frac{\partial u_{21}}{\partial w_{2j1}} \tag{2.21}$$

与单层感知器一样，对误差函数求导。

$$\frac{\partial E}{\partial w_{2j1}}=-(r-y)y(1-y)z_j \tag{2.22}$$

这里，z_j 表示的是中间层的值。于是，连接权重调整值如下所示。

$$\Delta w_{2j1}=\eta(r-y)y(1-y)z_j \tag{2.23}$$

接下来调整输入层与中间层之间的连接权重。输入层与中间层之间的连接权重调整值是根据输出层的误差函数确定的，求导公式如下所示。

$$\begin{aligned}\frac{\partial E}{\partial w_{1ij}}&=\frac{\partial E}{\partial y}\frac{\partial y}{\partial u_{21}}\frac{\partial u_{21}}{\partial w_{1ij}}\\&=-(r-y)y(1-y)\frac{\partial u_{21}}{\partial w_{1ij}}\end{aligned} \tag{2.24}$$

与中间层与输出层之间的权重调整值的计算方法相同，输出 y 也是把公式展开后进行复合函数求导。与前面不同的是，这里是中间层与输出层单元之间的激活值 u_{21} 对输入层与中间层之间的连接权重 w_{1ij} 求导。u_{21} 由中间层的值 z_j 和连接权重 w_{2j1} 计算得到。对 z_j 求导可以得到下式。

$$\frac{\partial u_{21}}{\partial w_{1ij}}=\frac{\partial u_{21}}{\partial z_j}\frac{\partial z_j}{\partial w_{1ij}} \tag{2.25}$$

接下来，按照前面的说明展开公式 (2.24)。公式 (2.26) 是中间层与输出层单元之间的激活值 u_{21} 对中间层的值 z_j 求导，结果只和连接权重 w_{2il} 相关。

$$\frac{\partial u_{21}}{\partial z_j}=w_{2j1} \tag{2.26}$$

下面是中间层的值 z_j 对连接权重 w_{1ij} 求导。

$$\frac{\partial z_j}{\partial w_{1ij}}=\frac{\partial z_j}{\partial u_{1j}}\frac{\partial u_{1j}}{\partial w_{1ij}} \tag{2.27}$$

和 y 一样，z_j 也是 sigmoid 函数，对 z_j 求导，得到下式。

$$\frac{\partial z_j}{\partial u_{1j}}=z_j(1-z_j) \tag{2.28}$$

下面是输入层与中间层单元之间的激活值 u_{1j} 对中间层与输出层之间的连接权重 w_{1ij} 求导，结果只和 x_i 相关。

$$\frac{\partial u_{1j}}{\partial w_{1ij}} = x_i \tag{2.29}$$

这样就完成了对公式中所有单元及连接权重的求导。根据公式 (2.26)~(2.29)，公式 (2.25) 的结果如下所示。

$$\frac{\partial u_{21}}{\partial w_{1ij}} = w_{2j1} z_j (1 - z_j) x_i \tag{2.30}$$

根据公式 (2.24) 和 (2.30)，对输入层与中间层之间的连接权重 w_{1ij} 求导。

$$\frac{\partial E}{\partial w_{1ij}} = -(r - y) y (1 - y) w_{2j1} z_j (1 - z_j) x_i \tag{2.31}$$

最后得到的中间层与输出层之间的连接权重调整值如下所示。

$$\Delta w_{2j1} = \eta (r - y) y (1 - y) z_j \tag{2.32}$$

得到的输入层与中间层之间的连接权重调整值如下所示。

$$\Delta w_{1ij} = \eta (r - y) y (1 - y) w_{2j1} z_j (1 - z_j) x_i \tag{2.33}$$

上述步骤的汇总结果如图 2.9 所示。由此可见，权重调整值的计算就是对误差函数、激活函数以及连接权重分别进行求导的过程。把得到的导数合并起来就得到了中间层与输出层之间的连接权重。而输入层与中间层之间的连接权重继承了上述误差函数和激活函数的导数。所以，对连接权重求导就是对上一层的连接权重、中间层与输入层的激活函数以及连接权重进行求导的过程。像这种从后往前逐层求导的过程就称为链式法则（chain rule）。

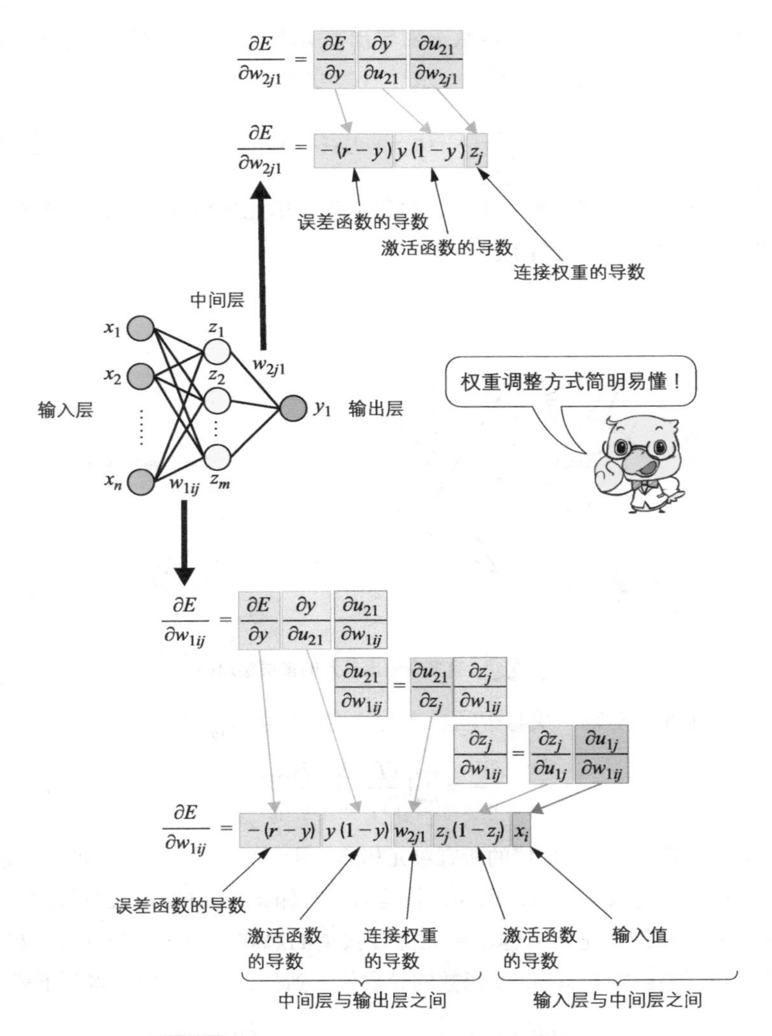

图2.9 只有一个输出单元的多层感知器的权重调整

下面我们来看一下图 2.10 这样有多个输出单元的多层感知器。和前面一样，首先考虑输出层与中间层之间的连接权重 w_{2jk} 的调整。对连接权重 w_{2jk} 求导，得到下式。

$$\frac{\partial E}{\partial w_{2jk}} = \frac{\partial E}{\partial y_k} \frac{\partial y_k}{\partial u_{2k}} \frac{\partial u_{2k}}{\partial w_{2jk}} \tag{2.34}$$

公式 (2.34) 中，经过误差函数 E 对输出 y_k 求导，输出 y_k 对激活值 u_{2k} 求导，激活值 u_{2k} 对连接权重 w_{2jk} 求导后，可得到下式。

$$\frac{\partial E}{\partial w_{2jk}} = -(r_k - y_k)y_k(1-y_k)z_j \tag{2.35}$$

所以，即便输出层有多个单元，对每个输出单元分别求导后，也能得到和公式 (2.22) 相同的结果。

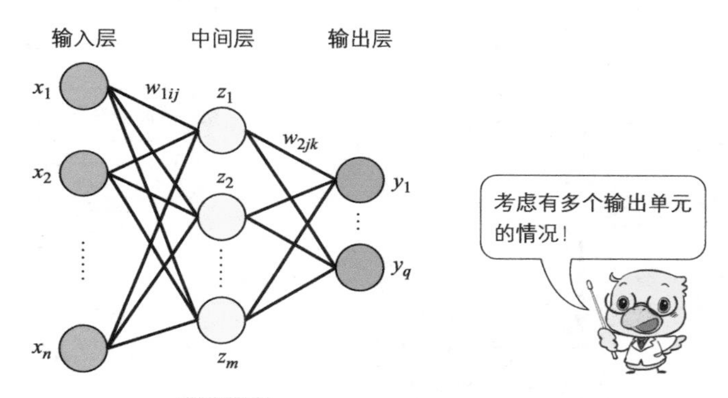

图2.10 有多个输出单元的多层感知器

接下来是对输入层与中间层之间的连接权重 w_{1ij} 求导。

$$\frac{\partial E}{\partial w_{1ij}} = \sum_{k=1}^{q}[\frac{\partial E}{\partial y_k}\frac{\partial y_k}{\partial u_{2k}}\frac{\partial u_{2k}}{\partial w_{1ij}}] \tag{2.36}$$

中间层的单元 j 和输出层的所有单元相连。所以，如公式 (2.36) 所示，误差函数 E 对连接权重 w_{1ij} 求导，就是对所有输出单元的导数进行加权求和，实际使用的是所有输出单元连接权重的总和。和前面的处理一样，这里把误差函数和 sigmoid 函数的导数代入到公式 (2.36) 中，得到下式。

$$\frac{\partial E}{\partial w_{1ij}} = -\sum_{k=1}^{q}[(r_k - y_k)y_k(1-y_k)\frac{\partial u_{2k}}{\partial w_{1ij}}] \tag{2.37}$$

由于连接权重 w_{1ij} 只对中间层 z_j 的状态产生影响，所以公式 (2.37) 中剩余部分求导后如下所示。

$$\frac{\partial u_{2k}}{\partial w_{1ij}} = \frac{\partial u_{2k}}{\partial z_j}\frac{\partial z_j}{\partial w_{1ij}} \tag{2.38}$$

激活值 u_{2k} 对 z_j 求导得到连接权重 w_{2jk}，再结合公式 (2.39)，就可以求得输入层与中间层之间的连接权重 w_{1ij} 的调整值，如公式 (2.40) 所示。

$$\frac{\partial z_j}{\partial w_{1ij}} = \frac{\partial z_j}{\partial u_{1j}} \frac{\partial u_{1j}}{\partial w_{1ij}} = z_j(1-z_j)x_i \tag{2.39}$$

$$\Delta w_{1ij} = \eta \sum_{k=1}^{q} [(r_k - y_k) y_k (1-y_k) w_{2jk}] z_j (1-z_j) x_i \tag{2.40}$$

上述步骤的汇总结果如图 2.11 所示。中间层与输出层之间权重调整值的计算方法和图 2.9 中的计算方法相同。与图 2.9 的不同之处在于，输入层与中间层之间的权重调整值是相关单元在中间层与输出层

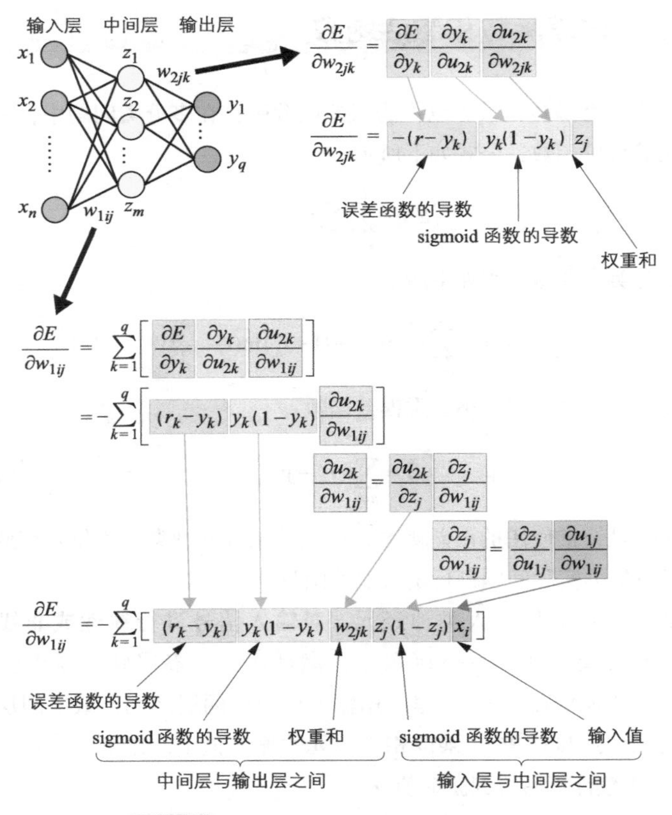

图 2.11 有多个输出的多层感知器的权重调整

之间的权重调整值的总和。在公式 (2.40) 中，激活函数使用 sigmoid 函数 y_k 时，如果 u 远小于 0，则 y 值趋近于 0（参照图 2.12）。所以，权重调整公式 (2.40) 中对 sigmoid 函数求导后所得到的函数趋近于 0。反之，如果 u 远大于 1，则 y 值趋近于 1，sigmoid 函数求导后所得到的函数仍然趋近于 0。此时，由于权重调整值趋近于 0，所以无法调整连接权重。这就是误差反向传播算法中的梯度消失导致无法调整连接权重的问题。对于这个问题，需要在训练过程中调整学习率 η 以防止梯度消失。

2.6 误差函数和激活函数

那么，有哪些函数可以作为误差函数呢？在多分类问题中，一般使用交叉熵代价函数，公式如下所示。

$$E = -\sum_{c=1}^{C}\sum_{n=1}^{N} r_{cn} \ln y_{cn} \tag{2.41}$$

二分类中的函数则如下所示。

$$E = -\sum_{n=1}^{N}\{r_n \ln y_n + (1-r_n)\ln(1-y_n)\} \tag{2.42}$$

递归问题中使用最小二乘误差函数。

$$E = \sum_{n=1}^{N} \| r_n - y_n \|^2 \tag{2.43}$$

这些是经常使用的误差函数，但误差函数的种类并不仅限于此，我们也可以根据实际问题自行定义误差函数。

激活函数类似于人类神经元，对输入信号进行线性或非线性变换。M-P 模型中使用 step 函数作为激活函数，多层感知器中使用的是 sigmoid 函数 (2.44)。这里，用输入层与中间层之间，或中间层与输出层之间的连接权重 w_i 乘以相应单元的输入值 x_i，并将该乘积之和经 sigmoid 函数计算后得到激活值 u。

$$f(u)=\frac{1}{1+e^{-u}} \tag{2.44}$$

$$u=\sum_{i=1}^{n} w_i x_i \tag{2.45}$$

如图 2.12 中蓝线所示，使用 sigmoid 函数时，如果对输入数据进行加权求和得到的结果 u 较大则输出 1，较小则输出 0。而 M-P 模型中使用的是 step 函数（如图 2.12 中的红线所示），当 u 等于 0 时，输出结果在 0 和 1 之间发生剧烈变动。另外，sigmoid 函数的曲线变化则较平缓。

除 sigmoid 函数以外，激活函数还可以使用 tanh 函数（双曲正切函数）等其他函数。tanh 函数如下所示。

$$\tanh(u)=\frac{\exp(u)-\exp(-u)}{\exp(u)+\exp(-u)} \tag{2.46}$$

根据上式可知，tanh 函数的输出结果在−1 和 1 之间。tanh 函数求导后如下所示。

$$f'(u)=1-f(u)^2 \tag{2.47}$$

tanh 函数是一个单调函数，曲线形状与 sigmoid 函数相似。

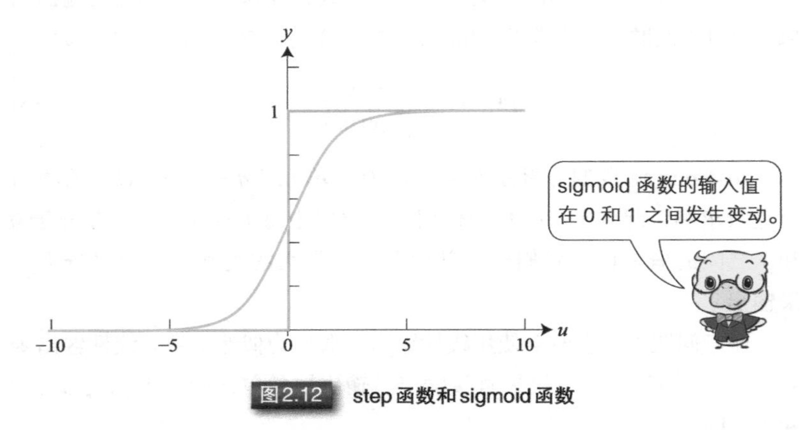

图2.12 step 函数和 sigmoid 函数

修正线性单元（Rectified Linear Unit，ReLU）是最近几年非常受欢迎的深度学习激活函数 [47]，如图 2.13 和公式 (2.48) 所示。

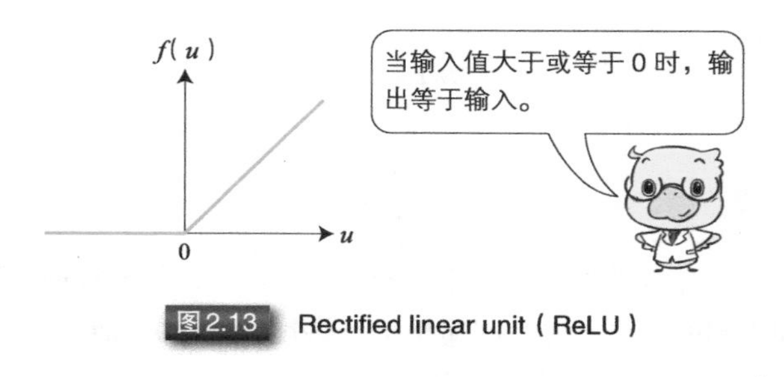

图2.13　Rectified linear unit (ReLU)

$$f(u)=\max(u,0) \tag{2.48}$$

如果 u 小于或等于 0 则输出 0，如果 u 大于或等于 0，则线性输出 u 的值（即输入等于输出）。当 $u>0$ 时，对公式 (2.48) 求导，如下所示。

$$f'(u)=1 \tag{2.49}$$

其他情况下的结果为 0，不更新连接权重。

2.7 似然函数

我们可以根据问题的种类选择似然函数，计算多层感知器的输出结果。多分类问题中，通常以 softmax 函数（公式 (2.50)）作为似然函数。

$$p(y^k)=\frac{\exp(u_{2k})}{\sum_{q=1}^{Q}\exp(u_{2q})} \tag{2.50}$$

softmax 函数的分母是对输出层所有单元（$q=1, \cdots, Q$）的激活值进行求和，起到了归一化的作用，输出层中每个单元取值都是介于 0 和 1 之间的概率值，我们选择其中概率值最大的类别作为最终分类结果输出。

递归问题中，有时会使用线性输出函数作为似然函数。线性输出函数会把激活值 u_{2k} 作为结果直接输出。输出层各单元的取值仍是介于 0 和 1 之间。

2.8 随机梯度下降法

误差反向传播算法会先对误差函数求导计算梯度，然后计算连接权重调整值。反复迭代训练，直至获得最优解。根据训练样本的输入方式不同，误差反向传播算法又有不同的种类。

首先是批量学习（batch learning）算法，这种算法需要在每次迭代计算时遍历全部训练样本。这里假设第 t 次迭代时各训练样本的误差为 E_n^t，然后通过公式 (2.51) 计算全部训练样本的误差 E^t。我们常用交叉熵代价函数 (2.41) 或最小二乘误差函数 (2.43) 求训练样本的误差 E_n^t。

$$E^t = \sum_{n=1}^{n} E_n^t \tag{2.51}$$

$$w^{(t+1)} = w^t - \eta \frac{\partial E^t}{\partial w^t} \tag{2.52}$$

公式 (2.52) 中的 w^t 表示整个神经网络的连接权重。基于全部训练样本得到权重调整值并修正网络连接权重，然后使用调整后的连接权重测试全部训练样本，如此反复迭代计算权重调整值并修正网络。批量学习由于每次迭代都计算全部训练样本，所以能够有效抑制训练集内带噪声的样本所导致的输入模式剧烈变动；但同时也难免顾此失彼，由于每次调整连接权重所有样本都要参与训练，所以训练用时较长。

其次是在线学习（sequential learning 或 online learning）算法，这种算法会逐个输入训练样本。假设一个训练样本的误差为 E_n^t，那么在线学习会通过 $E^t = E_n^t$ 反复调整连接权重，即每输入一个训练样本，就进行一次迭代，然后使用调整后的连接权重测试下一个训练样本，并根据该样本得到权重调整值修正网络。由于在线学习每次迭代计算一个训练样本，所以训练样本的差异会导致迭代结果出现大幅变动。迭代结果的变动可能导致训练无法收敛。为了解决这个问题，迭代计算时可以逐渐降低学习率 η，但仍然会存在收敛速度缓慢甚至无法收敛的情况。

介于在线学习和批量学习之间的小批量梯度下降法（mini-batch learning）则将训练集分成几个子集 D，每次迭代使用一个子集。

$$E^t = \sum_{n \in D} E_n^t \tag{2.53}$$

全部子集迭代完成后，再次从第一个子集开始迭代调整连接权重。由于每次迭代只使用少量样本，所以和批量学习相比，小批量梯度下降法能够缩短单次训练时间。另外，由于每次迭代使用多个训练样本，所以和在线学习相比，小批量梯度下降法能够减少迭代结果变动。由此可见，小批量梯度下降法能够同时弥补在线学习和批量学习的缺点。

小批量梯度下降法和在线学习都是使用部分训练样本进行迭代计算，这种方法也叫作随机梯度下降法（Stocastic Gradient Descent，SGD）。由于随机梯度下降法只使用部分训练样本，每次迭代后样本集的趋势都会发生变化，所以减少了迭代结果陷入局部最优解的情况。应用小批量梯度下降法的随机梯度下降法已经成为当前深度学习的主流算法。小批量梯度下降法对训练样本数没有明确规定，通常使用的样本数在 10 到 100 之间，理想的情况是从每个类别中选取一个或多个训练样本，允许不涵盖所有类别。但是只选取同一类别内的样本也不好，所以应该随机选取样本组成小批量 [23]。

2.9 学习率

学习率 η 是用来确定权重连接调整程度的系数。根据公式 (2.52) 可知，随机梯度下降法中的计算结果乘以学习率，可得到权重调整值。如果学习率过大，则有可能修正过头，导致误差无法收敛，神经网络训练效果不佳；反之，如果学习率过小，则收敛速度会很慢，导致训练时间过长。多数时候我们会根据经验确定学习率，首先设定一个较大的值，再慢慢把这个值减小，这是比较有效的方法。另外还可以自适应调整学习率，例如使用 AdaGrad 方法 [12]。用学习率除以截至当前时刻 t 的梯度 ∇E 的累积值，得到神经网络的连接权重 w。

$$w^{(t+1)} = w - \frac{\eta}{\sqrt{\sum_{i=1}^{t} (\nabla E^{(i)})^2 + \varepsilon}} \nabla E^{(t)} \tag{2.54}$$

AdaGrad 方法会对网络参数逐个进行梯度累积，能够为每个参数分配不同的学习率。使用该方法时虽然能够快速收敛，但是存在参数学习率不断衰减的问题。除此之外，我们还可以使用 AdaDelta[77] 方法和动量[33]（momentum）方法。AdaDelta 方法在求梯度累积值时只使用距离当前时刻比较近的梯度，而动量方法中，则是以指数级衰减的形式累积之前参数的梯度。

2.10 小结

本章介绍的神经网络是大家理解深度学习的基础。神经网络由输入层、中间层以及输出层组成，各层之间通过权重连接。误差反向传播算法会迭代调整连接权重，直到收敛得到最优解。需要注意的是，由于不是每次训练都能得到收敛，所以要根据实际问题设定学习率和小批量训练的样本数等。

第3章

卷积神经网络

卷积神经网络是一种在以图像识别为中心的多个领域都得到广泛应用的深度学习方法。本章将介绍卷积神经网络的结构，以及每层的训练方法。此外，还会介绍训练时需要设定的参数种类，以及不同参数设定方法所引起的性能差异。

3.1 卷积神经网络的结构

大卫·休伯尔（David Hunter Hubel）等人研究发现，猫的视皮层上存在简单细胞（simple cell）和复杂细胞（complex cell），简单细胞会对感受野中特定朝向的线段做出反应，而复杂细胞对于特定朝向的线段移动也能做出反应，如图3.1所示[30, 31]。

福岛邦彦在此基础上提出了神经认知机模型（图3.2），这是一种分层神经网络模型[16]。神经认知机由负责对比度提取的G层，以及负责图形特征提取的S细胞层和抗变形的C细胞层交替排列组成。最上层的C细胞会输出识别结果。S细胞和C细胞分别根据简单细胞和复杂细胞的英语首字母得名。借助于S细胞层和C细胞层交替排列的结构，各种输入模式的信息会在经过S细胞层提取特征后，通过C细胞层对特征畸变的容错，并在反复迭代后被传播到上一层。经过这个过程，在底层提取的局部特征会逐渐变成全局特征。因输入模式扩大、缩小或平移而产生的畸变也能很好地被C细胞消除，所以网络对变形具有较好的稳健性。

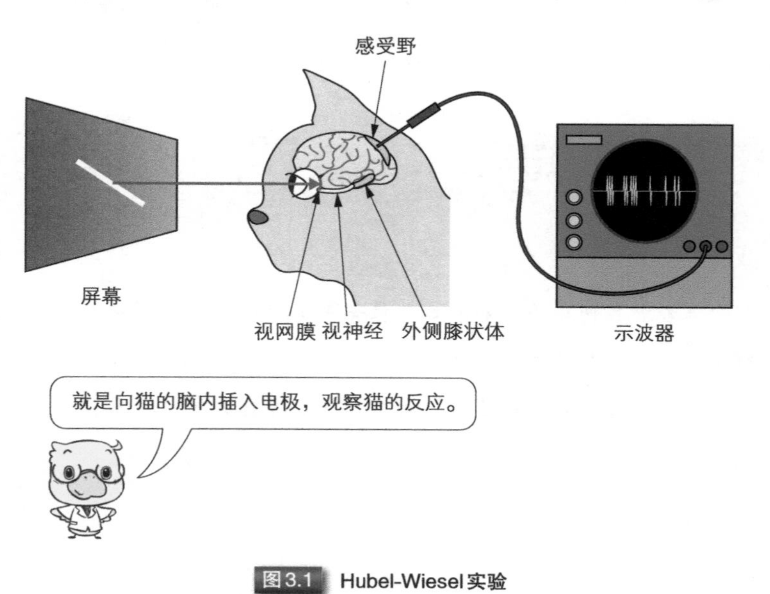

图3.1 Hubel-Wiesel实验

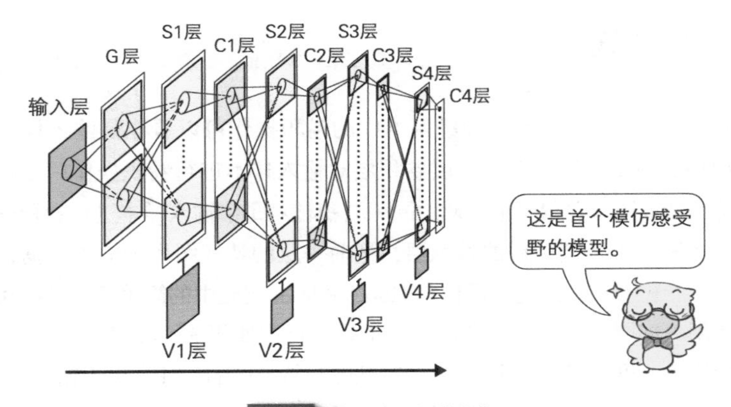

图 3.2 神经认知机的结构

本图参考文献 [93] 制作而成

神经认知机中，如果没有任何细胞对输入模式做出反应，就采用增加细胞的学习规则。通过引入神经网络中的误差反向传播算法，人们得到了卷积神经网络（Convolutional Neural Network，CNN）[35, 36]。LeCun 等人提出的卷积神经网络和神经认知机一样，也是基于人类视皮层中感受野的结构得到的模型。如图 3.3 所示，卷积神经网络由输入层（input layer）、卷积层（convolution layer）、池化层（pooling layer）、全连接层（fully connected layer）和输出层（output layer）组成。通过增加卷积层和池化层，还可以得到更深层次的网络，其后的全连接层也可以采用多层结构。接下来，我们就来介绍一下卷积神经网络的结构以及每一层的训练方法。

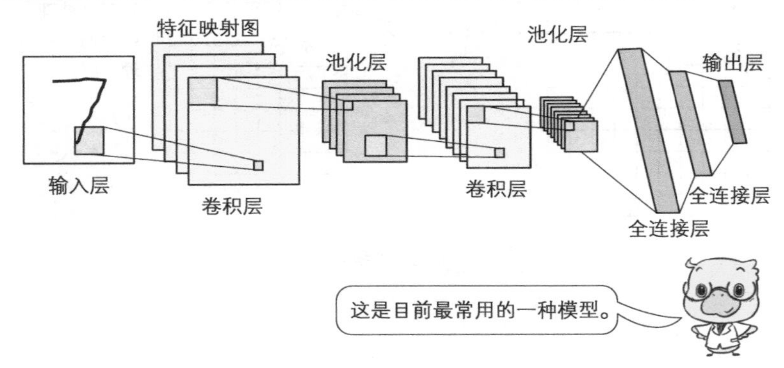

图 3.3 卷积神经网络的结构

3.2 卷积层

如图 3.4 所示，卷积神经网络中的卷积操作可以看作是输入样本和卷积核的内积运算。在第一层卷积层对输入样本进行卷积操作后，就可以得到特征图。卷积层中是使用同一卷积核对每个输入样本进行卷积操作的。在第二层及其以后的卷积层，把前一层的特征图作为输入数据，同样进行卷积操作。该卷积操作与 Hubel-Wiesel 实验中的简单细胞具有相同的作用。如图 3.4 所示，对 10 × 10 的输入样本使用 3 × 3 的卷积核进行卷积操作后，可以得到一个 8 × 8 的特征图。特征图的尺寸会小于输入样本，为了得到和原始输入样本大小相同的特征图，可以采用对输入样本进行填充（padding）处理后再进行卷积操作的方法。零填充（zero-padding）指的就是用 0 填充输入样本的边界，填充大小为 $P = (F - 1)/2$，其中 F 为卷积核尺寸。在图 3.4 中，卷积核的滑动步长为 1。我们也可以设定更大的滑动步长，步长越大则特征图越小。另外，卷积结果不能直接作为特征图，需通过激活函数计算后，把函数输出结果作为特征图。常见的激活函数包括上一章介绍的 sigmoid、tanh、ReLU 等函数。如图 3.5 所示，一个卷积层中可以有多个不同的卷积核，而每一个卷积核都对应一个特征图。

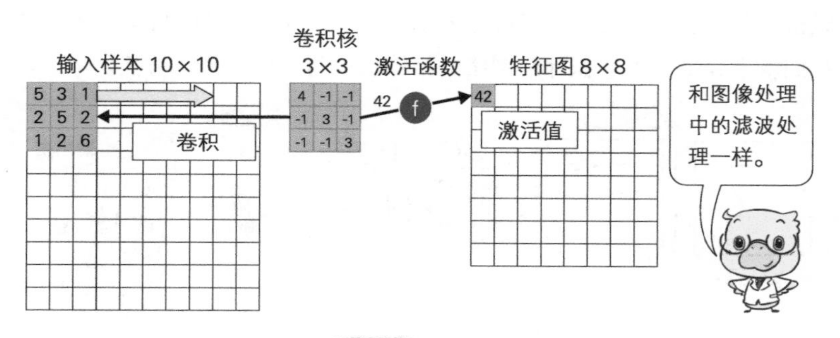

图 3.4 卷积处理

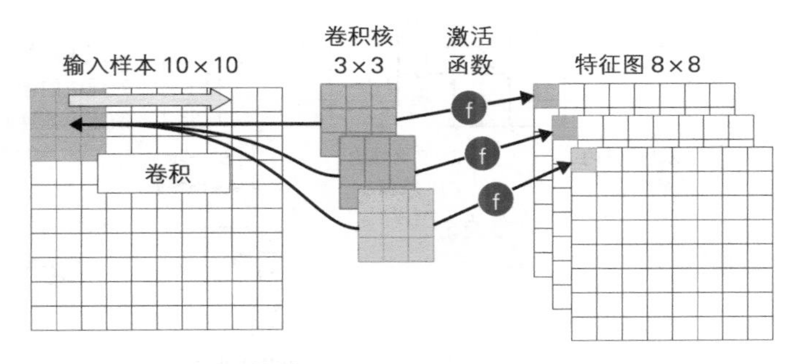

图 3.5 具有多个卷积核的卷积层

当卷积层的输入样本是三通道的彩色图像时，图 3.5 中的卷积核就会是三维的 $3 \times M \times M$，M 表示卷积核大小。第二层及其以后的卷积层的输入是上一层的特征图，而特征图的个数是由上一层的卷积核数决定的。例如，当上一层的卷积核数为 8 时，就会得到 8 个特征图作为下一层的输入，所以下一层需要 8 个三维的 $8 \times M \times M$ 卷积核。

3.3 池化层

池化层的作用是减小卷积层产生的特征图的尺寸。选取一个区域，根据该区域的特征图得到新的特征图，这个过程就称为池化操作。对一个 2×2 的区域进行池化操作后，得到的新特征图会被压缩为原来尺寸的 1/4。池化操作降低了特征图的维度，使得特征表示对输入数据的位置变化具有稳健性。池化操作与 Hubel-Wiesel 实验中的复杂细胞具有相同的作用。主要的池化方法如图 3.6 所示。其中最常使用的是图 3.6(a) 所示的最大池化，最大池化是选取图像区域内的最大值作为新的特征图。另外还有图 3.6(b) 所示的平均池化，以及图 3.6(c) 所示的 Lp 池化。平均池化是取图像区域内的平均值作为新的特征图。Lp 池化则是通过突出图像区域内的中央值而计算新的特征图。在图 3.6(c) 中的公式中，p 越大越能突出中心位置的值。

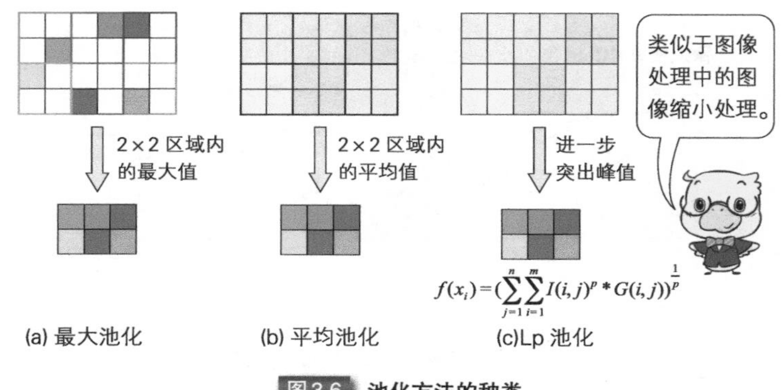

图 3.6 池化方法的种类

3.4 全连接层

和多层感知器一样，全连接层也是首先计算激活值，然后通过激活函数计算各单元的输出值。激活函数包括 sigmoid、tanh、ReLU 等函数。由于全连接层的输入就是卷积层或池化层的输出，是二维的特征图，所以需要对二维特征图进行降维处理（图 3.7）。

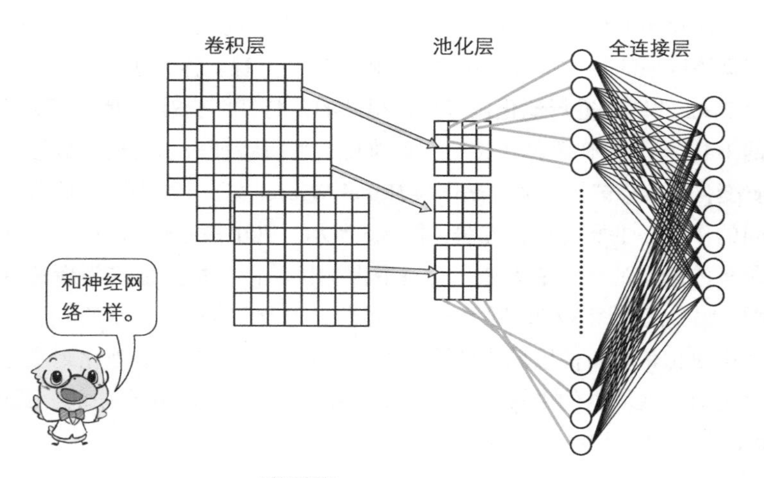

图 3.7 全连接层的输入

3.5 输出层

和多层感知器的输出层一样，卷积神经网络的输出层也是使用似然函数计算各类别的似然概率。卷积神经网络出现后，最先被应用在了手写字符分类上。手写字符识别用到的是 0 到 9 这 10 个数字，所以共有 10 个输出单元。每个单元对应一个类别，使用公式 (3.1) 的 softmax 函数可以计算输出单元的似然概率，然后把概率最大的数字作为分类结果输出。

$$p(y^k) = \frac{\exp(u_{2k})}{\sum_{q=1}^{Q} \exp(u_{2q})} \tag{3.1}$$

在递归问题中，一般使用线性输出函数 (3.2) 计算各单元的输出值。

$$p(y^p) = \sum_{m=1}^{M} w_{pm} x_m \tag{3.2}$$

3.6 神经网络的训练方法

3.6.1 误差更新方法

卷积神经网络的参数包括卷积层的卷积核大小、全连接层的连接权重和偏置值。和多层神经网络一样，卷积神经网络中的参数训练也是使用误差反向传播算法。全连接层的连接权重按照我们在第 2 章中介绍的步骤迭代后确定。有多个全连接层时，仍然需要按照链式法则从上至下逐层调整。那么，当神经网络中包含卷积层和池化层时，误差是怎样传播的呢？

首先我们来看一下池化层的误差传播。如图 3.8 所示，先把池化层改写成全连接层的形式。假设输入数据为 4×4 特征图，那么通过最大池化，可得到一个 2×2 特征图。按照全连接层的形式改写后，红色边框对应的 4 个单元 $n_{11}, n_{12}, n_{15}, n_{16}$ 与 n_{21} 相连接，蓝色边框对应的 4 个单

元 $n_{13}, n_{14}, n_{17}, n_{18}$ 与 n_{22} 相连接。这样就可以把池化层看作是有部分连接的全连接层。

假设红色边框局部区域中的最大值为 n_{12}，蓝色边框局部区域中的最大值为 n_{17}。那么误差只在 n_{21} 与 n_{12} 之间，以及 n_{22} 与 n_{17} 之间传播，连接权重 w_{21} 和 w_{72} 均为 1，其他的连接权重均为 0。即误差只在激活值最大的单元之间传播。在反复调整连接权重的过程中，激活值最大的单元也有可能出现在其他位置，届时就只调整其他单元的连接权重。

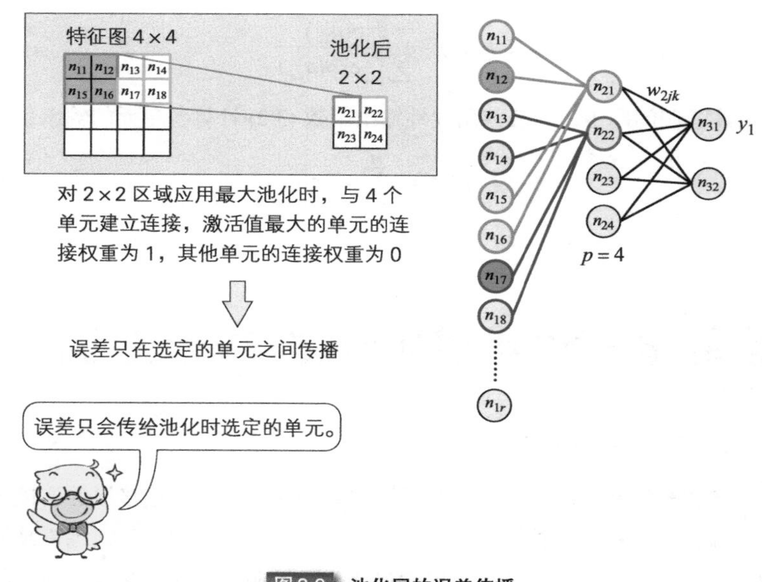

图 3.8 池化层的误差传播

接下来我们看一下卷积层的误差传播。如图 3.9 所示，把卷积层改写成全连接层的形式，使用 2×2 的卷积核对输入图像进行卷积操作。首先用红色边框区域对应的单元 $n_{11}, n_{12}, n_{16}, n_{17}$ 乘以卷积核权重，得到 n_{21}，再对 n_{21} 使用激活函数进行计算得到输出值 n_{31}。这样就可以把卷积层看作是只与特定单元相连接的全连接层。卷积核的权重调整和多层神经网络一样，也是从上层的连接权重开始逐层调整。

$$\Delta w_{2jk} = \eta(r_k - y_k)y_k(1-y_k)z_j \tag{3.3}$$

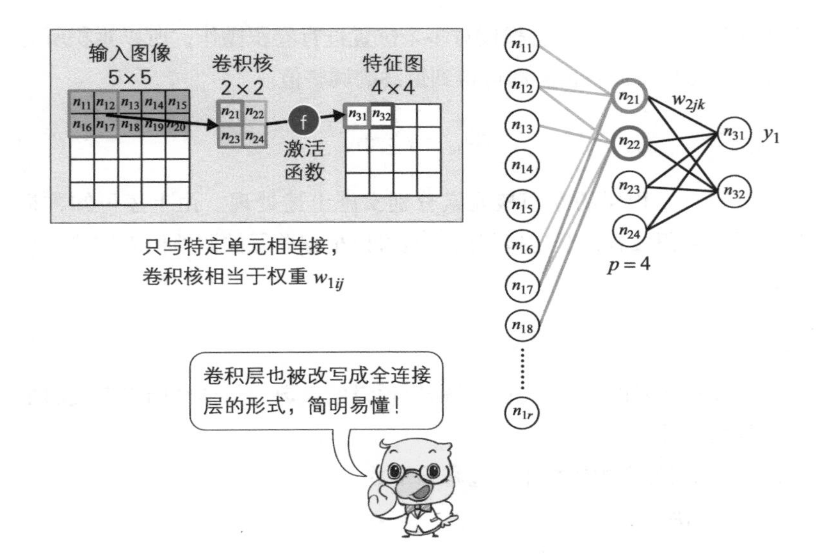

图3.9 卷积层的误差传播

根据上层的链式法则，n_{11} 和 n_{21} 之间的连接权重 w_{1ij}^{1} 的调整值如下所示。

$$\Delta w_{1ij}^{1}=\eta\sum_{k=1}^{q}[(r_k-y_k)y_k(1-y_k)w_{2jk}]z_j(1-z_j)x_i \tag{3.4}$$

公式 (3.4) 由三部分组成：与 z_j 相连的上一层的误差函数和激活函数的导数之和，z_j 的激活函数的导数，以及 w_{1ij} 相关的输入 x_i。

下面，使用刚才对 $n_{11}, n_{12}, n_{16}, n_{17}$ 进行卷积操作的卷积核，对 $n_{12}, n_{13}, n_{17}, n_{18}$ 进行卷积操作，得到 n_{22}。n_{12} 和 n_{22} 之间的连接权重用 w_{1ij}^{2} 表示，其调整值如下所示。

$$\Delta w_{1ij}^{2}=\eta\sum_{k=1}^{q}[(r_k-y_k)y_k(1-y_k)w_{2jk}]z_j(1-z_j)x_i \tag{3.5}$$

使用同样的方法，计算所有单元的连接权重调整值。

$$\Delta w_{1ij}^{n}=\eta\sum_{k=1}^{q}[(r_k-y_k)y_k(1-y_k)w_{2jk}]z_j(1-z_j)x_i \tag{3.6}$$

由于这里是使用同一个卷积核对多个位置进行卷积操作，所以累积所有单元的连接权重调整值，即可得到最终的调整值。

$$\Delta w_{1ij} = \eta \sum_{n=1}^{N} \Delta w_{1ij}^{n} \tag{3.7}$$

对所有卷积层的卷积核元素分别实施上述处理。由上述可知，把卷积层的卷积核看作全连接层后，就可以根据单元的调整值来调整卷积核元素。

3.6.2　参数的设定方法

在卷积神经网络中，有大量需要预设的参数。与神经网络有关的主要参数如下所示。

- 卷积层的卷积核大小、卷积核个数
- 激活函数的种类
- 池化方法的种类
- 网络的层结构（卷积层的个数、全连接层的个数等）
- 全连接层的个数
- Dropout（参照 6.4 节）的概率
- 有无预处理（参照 6.2 节）
- 有无归一化（参照 6.2 节）

与训练有关的参数如下所示。

- Mini-Batch 的大小
- 学习率
- 迭代次数
- 有无预训练

最理想的状态就是从这些参数组合中选择最优的组合进行训练，但是由于组合数过于庞大，所以设置参数时，只能根据以往的研究和经验，不断摸索更优化的组合。下面我们来看一下改变参数对分类结果的影响。卷积神经网络的基本结构如图 3.10 所示，是由三个卷积层和一个输出层组成的。在比较参数时，需要根据卷积层的卷积核大小及个数、激活函数的种类、全连接层的个数进行比较，还需根据有无预处理、有无 Dropout、有无归一化进行比较，以及根据学习率和 Mini-Batch 的大小进行比较。比较参数时使用的 CIFAR-10[7] 数据集是一个用于物体识别的数据集，共 10 个类别，其中包含 50 000 张训练样本、10 000 张测试样本，可用来进行网络的训练和测试。这里说的测试即比较训练后的网络对于测试样本的分类错误率（误识别率）。

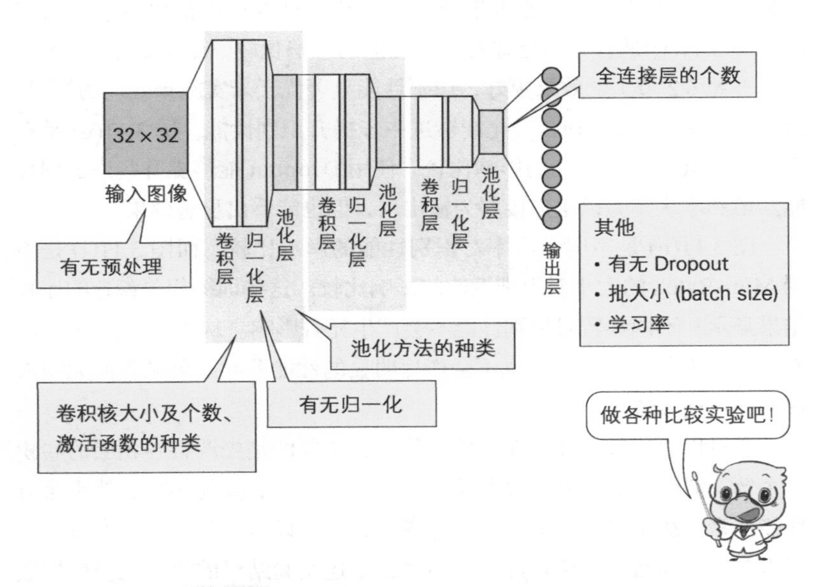

图 3.10 用于比较参数的网络基本结构和变更位置

各参数比较的结果如图 3.11 所示。首先，图 3.11(a) 是不同卷积核大小对识别性能的影响比较。我们分别比较了 3×3、5×5，以及由 3×3 扩大为 5×5 和由 7×7 缩小为 4×4 几种情况。比较结果显示，卷积核的大小不会对误识别率产生显著影响，不过 5×5 卷积核的性能最好。图 3.11(b) 是不同卷积核个数对识别性能的影响比较。我们在每一层都使用相同大小的卷积核，分别比较卷积核个数为 4, 8, 16, 32, 64, 128 以及 256 时的误识别率。比较结果显示，卷积核个数越多识别性能越好。图 3.11(c) 是逐层增加卷积核个数时的识别性能比较。可以看出，随着卷积核个数的增加，识别性能也更好。其中，128×256×512 时的识别性能还要好于所有层都使用256个卷积核时的性能。

图3.11(d)是不同激活函数对识别性能的影响比较。结果显示激活函数对识别性能有显著影响。最近提出的ReLU和maxout（参照6.3节）的识别性能好于sigmoid函数和tanh函数。而ReLU和maxout两者之间没有显著的性能差异。

图3.11(e)是全连接层的个数不同时识别性能的比较。结果显示，即使增加全连接层，性能也不会改变，甚至没有全连接层也没什么问题。图3.11(f)是有无预处理对识别性能的影响比较。结果显示ZCA白化（参照6.2节）的效果很好，识别性能显著优于未实施预处理的情况。组合使用ZCA白化和归一化能够进一步提升识别性能。图3.11(g)是有无Dropout对识别性能的影响比较。使用Dropout能够提升些许识别性能。虽然本次实验以全连接层为输出层，但也能看出显著效果。

图3.11(h)是不同学习率对识别性能的影响比较，而图3.11(i)是不同Mini-Batch的大小对识别性能的影响比较。这些训练相关参数的比较结果显示，不同参数对识别性能不会产生显著影响。从图3.11(j)中可以看出，有无归一化层同样也不会产生明显的性能差异。可见我们无须大幅调整这些参数。

通过以上比较可知，在调整参数时，重要的是先调整卷积层的卷积核个数、激活函数的种类以及输入图像的预处理。其他参数虽然也会对性能或多或少地产生影响，但是差异不大，所以首先确定重要参数，然后再对其他参数进行微调即可。不过，上述实验结果的趋势也会根据数据集和问题设定发生变化，不能一概而论。重要的是，要根据要解决的课题适当改变调整范围及顺序。

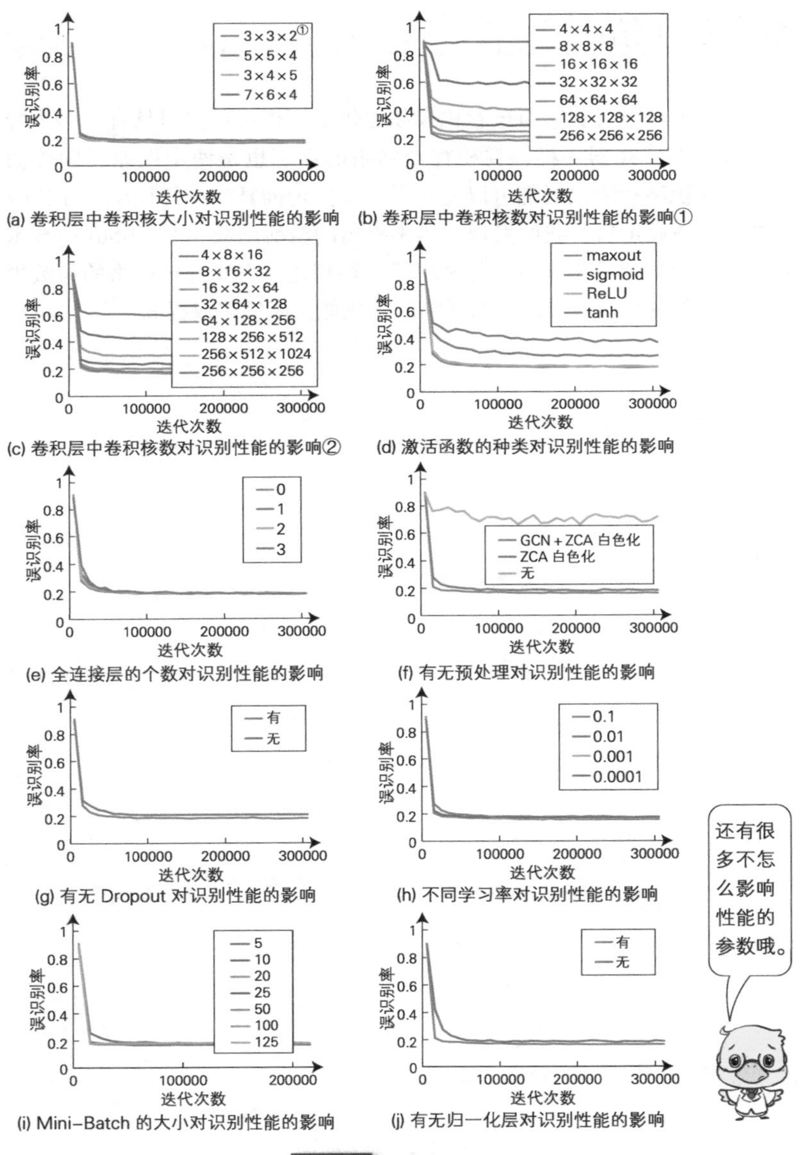

(a) 卷积层中卷积核大小对识别性能的影响

(b) 卷积层中卷积核数对识别性能的影响①

(c) 卷积层中卷积核数对识别性能的影响②

(d) 激活函数的种类对识别性能的影响

(e) 全连接层的个数对识别性能的影响

(f) 有无预处理对识别性能的影响

(g) 有无 Dropout 对识别性能的影响

(h) 不同学习率对识别性能的影响

(i) Mini-Batch 的大小对识别性能的影响

(j) 有无归一化层对识别性能的影响

图 3.11 参数比较结果

---

① 这里是以三层网络为例进行介绍的，3×3×2 这种表达形式的意思是：第一层网络用 3×3 卷积核，第二层网络用 3×3 卷积核，第三层网络用 2×2。——译者注

3.7 小结

卷积神经网络能够通过卷积层和池化层使得特征映射具有位移不变性。和多层感知器一样，卷积神经网络的训练也是使用误差反向传播算法，卷积层和池化层都可以使用误差反向传播算法进行训练。在比较不同的参数设定后，我们发现近年来提出的激活函数和 Dropout 等技术能够提高网络的泛化能力。与多层感知器相比，卷积神经网络的参数更少，不容易发生过拟合，因而网络的泛化能力能够得以提高。

第4章

受限玻尔兹曼机

受限玻尔兹曼机是起源于图模型的神经网络。这种神经网络是由Hopfield神经网络那样的相互连接型网络衍生而来的。本章将首先介绍Hopfield神经网络和玻尔兹曼机，然后介绍受限玻尔兹曼机，最后介绍由多个受限玻尔兹曼机堆叠组成的深度信念网络（Deep Belief Network）。

4.1 Hopfield 神经网络

神经网络可分为两大类：一类是前几章介绍过的多层神经网络，另一类就是如图 4.1 所示的相互连接型网络。相互连接型网络不分层，单元之间相互连接。它能够根据单元的值记忆网络状态，这称为联想记忆。人类的大脑能够根据某种输入信息记忆或联想与之有关的信息，比如看到“苹果”能够想到“红色”，看到“香蕉”能够想到“黄色”。联想记忆就是通过在事物之间建立对应关系来记忆的方法。多层神经网络和卷积神经网络可应用于模式识别，而相互连接型网络可通过联想记忆去除输入数据中的噪声 [51]。霍普菲尔德于 1982 年提出的 Hopfield 神经网络是最典型的相互连接型网络 [27, 28]，它具有以下优点。

- 单元之间的连接权重对称（$w_{ij}=w_{ji}$）
- 每个单元没有到自身的连接（$w_{ii}=0$）
- 单元的状态变化采用随机异步更新方式，每次只有一个单元改变状态

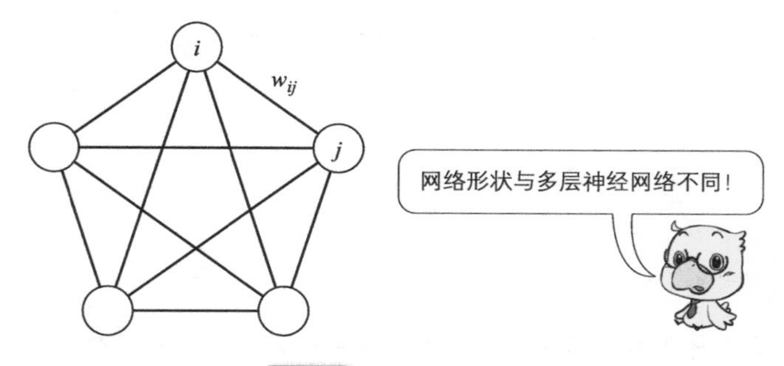

图 4.1 相互连接型网络

基于以上优点，我们来详细地介绍一下 Hopfield 神经网络。首先，Hopfield 神经网络是由 n 个二值单元组成的二值神经网络，每个单元 i（$i=1, 2, \cdots, n$）的输出只能是 0 或 1 两个值，故而网络有 2^n 种状态。联想记忆就是当输入模式为某种状态时，输出端要给出与之相应的输出模式 y。如果输入模式与输出模式一致，就称为自联想记忆，否则称为异联想记忆。下面先来看一下自联想记忆。

设有由 n 个单元组成的 Hopfield 神经网络，第 i 个单元在 t（$t = 0, 1, 2, \cdots$）时刻的输入记作 $u_i(t)$，输出记作 $x_i(t)$，连接权重为 w_{ij}，阈值为 $b_i(t)$，则 $t+1$ 时刻单元的输出 $x_i(t+1)$ 可用下式表示。

$$x_i(t+1) = \begin{cases} 1 & u_i(t) > 0\text{时} \\ x_i(t) & u_i(t) = 0\text{时} \\ 0 & u_i(t) < 0\text{时} \end{cases} \tag{4.1}$$

$$u_i(t) = \sum_{j=1}^{n} w_{ij} x_j(t) - b_i(t) \tag{4.2}$$

如果单元接收的来自其他单元的输入 $x_j(t)$ 的权重总和 $\sum_{j=1}^{n} w_{ij} x_j(t)$ 大于阈值 $b_i(t)$，则单元的输出就取值为 1；如果小于阈值 $b_i(t)$，则单元的输出就取值为 0。在 Hopfield 神经网络中，每个时刻都只有一个随机选择的单元会发生状态变化。对于一个由 n 个单元组成的网络，如果要完成全部单元的状态变化，至少需要 n 个时刻。实际上，单元的状态变化会一直进行下去，直到网络达到稳定状态。各单元的最终状态就是输出模式 y。

根据输入模式联想输出模式时，需要事先确定连接权重 w_{ij}。而连接权重 w_{ij} 要对输入模式的训练样本进行训练后才能确定。和神经网络一样，一次训练并不能确定连接权重，而是要不断重复这个训练过程，直到满足终止判断条件。而这个满足条件的指标就是表示 Hopfield 神经网络状态的能量函数 E，其定义如公式 (4.3) 所示。当输入模式与输出模式一致时，能量函数 E 的结果为 0。

$$E = -\frac{1}{2} \sum_{i=1}^{n} \sum_{j=1}^{n} w_{ij} x_i x_j + \sum_{i=1}^{n} b_i x_i \tag{4.3}$$

根据公式 (4.1) 和 (4.2) 中定义的状态变化规则改变网络状态时，公式 (4.3) 中定义的能量函数 E 总是非递增的，即随时间的不断增加而逐渐减小，直到网络达到稳定状态为止。

接下来我们看一下网络状态发生变化时，能量函数是如何变化的。我们把公式 (4.3) 中的能量函数分解成单元 k 的能量函数和 k 以外的单元的能量函数。这样一来，公式 (4.3) 可如下表示。

$$E = -\frac{1}{2}\sum_{i\neq k}^{n}\sum_{j\neq k}^{n} w_{ij}x_i x_j - \sum_{i\neq k}^{n} b_i x_i \\ -\frac{1}{2}(\sum_{j}^{n} w_{kj}x_j + \sum_{i}^{n} w_{ik}x_i)x_k + b_k x_k \tag{4.4}$$

从 t 时刻至 $t+1$ 时刻，单元 k 的输出值变化如下。

$$x_k(t) \to x_k(t+1) \tag{4.5}$$

此时，$\Delta x_k = x_k(t+1) - x_k(t)$ 的结果会变为 1 或−1。

由于 Hopfield 神经网络采用随机异步更新方式，所以除单元 k 以外，其他单元的状态不发生变化。同时，Hopfield 神经网络为对称网络，$w_{ij} = w_{ji}$，故与单元 k 的状态变化量 Δx_k 相应的能量函数变化量 ΔE_k 如下所示。

$$\Delta E_k = -\frac{1}{2}(\sum_{j=1}^{n} w_{kj}x_j + \sum_{i=1}^{n} w_{ik}x_i)\Delta x_k + b_k\Delta x_k \\ = -\left(\sum_{j=1}^{n} w_{kj}x_j - b_k\right)\Delta x_k \tag{4.6}$$

用 u_k 表示公式 (4.6) 中最终结果括号内的内容，则可得到下式。

$$\Delta E_k = -u_k\Delta x_k \tag{4.7}$$

根据公式 (4.1) 中定义的状态变化规则，当 $\Delta x_k > 0$ 时，x_k 的值从 0 变为 1。即如果 $u_k > 0$，则 $\Delta E_k < 0$。当 $\Delta x_k < 0$ 时，x_k 的值从 1 变为 0，这时由于 $u_k < 0$，所以 $\Delta E_k < 0$。另外，当 $\Delta x_k = 0$ 时，$\Delta E_k = 0$，因此在任何情况下，下式都成立。

$$\Delta E_k \leqslant 0 \tag{4.8}$$

由此可见，随着时间的推移，能量函数 E 会不断减小。

接下来，我们将 P 个模式输入到网络中，训练网络的连接权重，以记忆这些模式。模式用 $x^s = (x_1^s, x_2^s, \cdots, x_n^s)$（$s = 1, 2, \cdots, P$）表示。所谓记忆模式 x^s，就是求与模式对应的能量函数的极小值。阈值为 0 时，与模式 x^s 对应的能量函数如下所示。

$$E^s = -\frac{1}{2}\sum_{i=1}^{n}\sum_{j=1}^{n} w_{ij}^s x_i^s x_j^s \tag{4.9}$$

为了使能量函数收敛于极小值，可以做如下假设。

$$w_{ij}^s = x_i^s x_j^s \tag{4.10}$$

这样能量函数就可以用公式 (4.11) 这样的相互影响矩阵来表示了。

$$E^s = -\frac{1}{2}\sum_{i=1}^{n}\sum_{j=1}^{n}(x_i^s)^2(x_j^s)^2 \tag{4.11}$$

网络需要记忆 P 个模式，因此所有模式的连接权重如下所示。

$$w_{ij} = \frac{1}{P}\sum_{s=1}^{P} w_{ij}^s = \frac{1}{P}\sum_{s=1}^{P} x_i^s x_j^s \tag{4.12}$$

首先我们以图 4.2(a) 这样的两种模式为例，来进行 Hopfield 神经网络的联想训练。这两种训练模式的图像样本由 5 × 5 个像素组成，像素值为 1 的是白色，为 0 的是黑色。Hopfield 神经网络会把每一个像素作为一个单元，用 0 对单元之间的连接权重 w_{ij} 进行初始化。根据公式 (4.1) 和公式 (4.2) 调整连接权重后，得到的连接权重如图 4.3 所示。一些连接权重的值比较大，但是连接权重矩阵的对角线元素为 0。

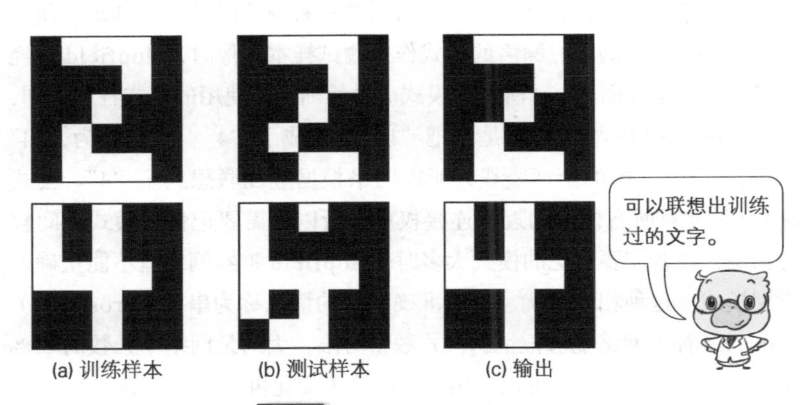

图 4.2 Hopfield神经网络的训练

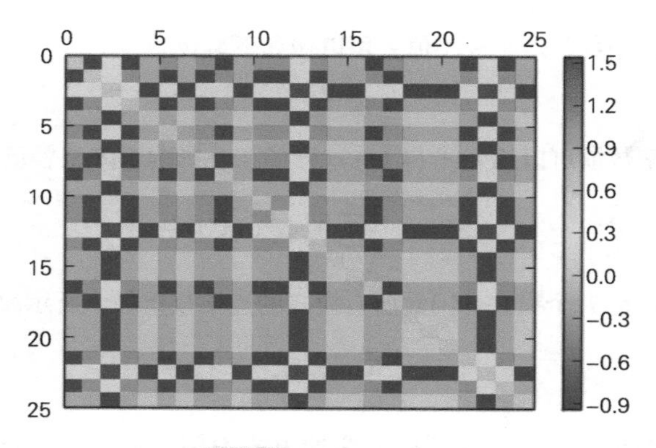

图 4.3 连接权重的示例

测试时，训练模式使用的是含有噪声的样本图像（图 4.2(b)）。虽然训练时使用所有的训练模式来更新连接权重，但在测试时是逐张添加图像的，最终分别得到相应的结果（图 4.2(c)）。由此可见，即使训练模式中含有噪声，Hopfield 神经网络也能联想出原本的模式。

接下来再看看包含如图 4.4(a) 所示的三种模式时的网络训练。使用如图 4.4(b) 所示的含有噪声的模式作为测试样本图像时，Hopfield 神经网络输出的是如图 4.4(c) 所示的模式。虽然训练时使用的模式各不相同，但是 Hopfield 神经网络还是误把“1”识别成了“4”。这是因为，“4”中包含了“1”中的全部竖线，所以网络根据竖线联想到了“4”。公式 (4.12) 是针对所有模式的近似连接权重，所以当需要记忆的模式之间较为相似，或者需要记忆的模式太多时，Hopfield 神经网络就不能正确地辨别模式。这种相互干扰、不能准确记忆的情况称为串扰（crosstalk）。Hopfield 神经网络能够记忆的模式数量有限，大约是网络单元数的 15% 左右。为了防止串扰，可以采用先把模式正交化再进行记忆等方法。

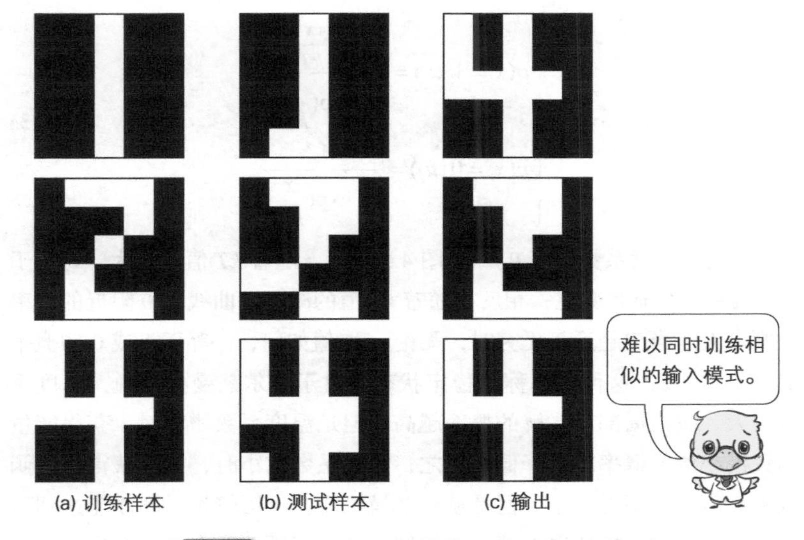

图4.4 含有相似模式的Hopfield神经网络的训练

4.2 玻尔兹曼机

如果发生串扰或陷入局部最优解，Hopfield 神经网络就不能正确地辨别模式。而玻尔兹曼机（Boltzmann Machine）则可以通过让每个单元按照一定的概率分布发生状态变化，来避免陷入局部最优解[1]。各单元之间的连接权重是对称的，即 $w_{ij} = w_{ji}$，且没有到自身的连接（$w_{ii} = 0$）。此外，每个单元的输出要么是 0，要么是 1。这些假设与 Hopfield 神经网络相同，两者最大的区别是，Hopfield 神经网络的输出是按照某种确定性决定的，而玻尔兹曼机的输出则如下式所示，是按照某种概率分布决定的。

$$\begin{cases} p(x_i = 1 \mid u_i) = \dfrac{\exp(\dfrac{x}{kT})}{1+\exp(\dfrac{x}{kT})} \\ p(x_i = 0 \mid u_i) = \dfrac{1}{1+\exp(\dfrac{x}{kT})} \end{cases} \tag{4.13}$$

T 表示温度系数（ > 0 ）。如图 4.5 所示，随着 kT 值的增大，x_i 等于 1 的概率没有显著变化；相反，随着 kT 值的减小，曲线在 0 附近的斜率急剧增大。当 T 趋近于无穷时，无论 u_i 取值如何，x_i 等于 1 或 0 的概率都分别是 1/2，这种状态称为稳定状态。对于玻尔兹曼机来说，温度系数越大，跳出局部最优解的概率越高。但是温度系数增大时，获得能量函数极小值的概率就会降低；反之，温度系数减小时，虽然获得能量函数极小值的概率增加了，但是玻尔兹曼机需要经历较长时间才能达到稳定状态。不过，模拟退火算法能够解决这个问题，这个算法会先采用较大的温度系数进行粗调，然后逐渐减小温度系数进行微调。根据下面的公式，就可以获得温度系数 T 的极小值。

$$T = \frac{c}{\log(t+1)} \tag{4.14}$$

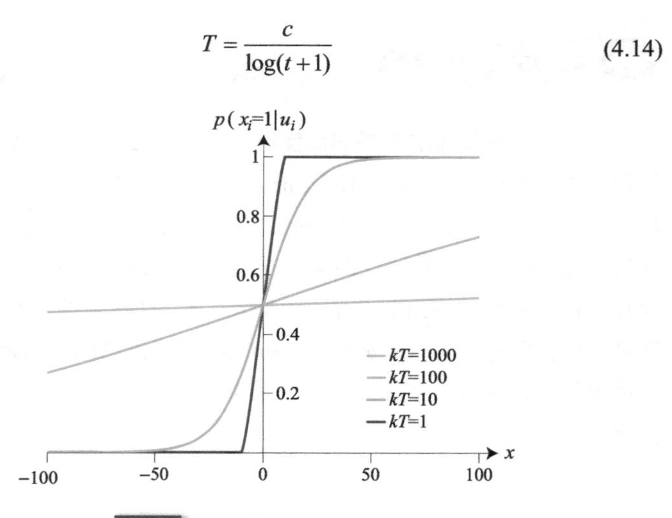

图 4.5　温度系数引起的概率变化

和图 4.1 中的 Hopfield 神经网络一样，玻尔兹曼机也是相互连接型网络。网络中的所有单元都通过连接权重与其他单元相连接，训练过程也和 Hopfield 神经网络一样，步骤如下所示。

玻尔兹曼机的训练

0. 训练准备
   初始化连接权重 w_{ij} 和阈值 b_i
1. 调整参数
   1.1. 选取一个单元 i，求 u_i
   1.2. 根据 u_i 的值，计算输出 x_i
   1.3. 根据输出 x_i 和 x_j 的值，调整连接权重 w_{ij} 和偏置 b_i
重复上述步骤 1.1 至步骤 1.3

首先，使用随机数或相关系数矩阵初始化连接权重。接下来，选取一个单元 i，根据公式 (4.2) 计算该单元的激活值 u_i。根据公式 (4.1) 可知，当 $u_i > 0$ 时 $x_i = 1$，当 $u_i < 0$ 时 $x_i = 0$，当 $u_i = 0$ 时 $x_i = x_i$。然后，根据 x_i 的值，利用公式 (4.13) 计算出 x_i 等于 1 或 0 的概率，并根据这个概率调整 x_i 的值。计算公式 (4.13) 得到的是概率，不能直接作为 x_i 的值使用，而应该把这个概率作为出现概率来决定 x_i 的值。在调整连接权重 w_{ij} 时，按照相同步骤计算单元 j 的值 x_j。如果 x_i 和 x_j 两者均为 1，则增大 w_{ij}，并对所有单元迭代实施相同处理。然后，向网络输入任意的训练样本，按照相同步骤计算 x_i 和 x_j。这次如果两者均为 1，则降低 w_{ij}，并对所有单元迭代实施相同处理。这两种更新连接权重的处理分别称为训练和遗忘。迭代过程中使用的是模拟退火算法，逐渐减小温度系数 T。

下面根据上述训练规则，调整连接权重 w_{ij} 和偏置 b_i。这里使用似然函数 $L(\theta)$ 导出调整值。

$$L(\theta) = \prod_{n=1}^{N} p(x_n \mid \theta) \tag{4.15}$$

这里的 θ 是一个参数，表示所有的连接权重和偏置。根据公式 (4.15) 可以计算出所有组合的似然函数。此外，概率分布 $p(x_n|\theta)$ 的定义如下所示。

$$p(x_n \mid \theta) = \frac{1}{Z(\theta)} \exp\{-E(x,\theta)\} \tag{4.16}$$

公式 (4.16) 的概率分布就称为玻尔兹曼机。和公式 (4.3) 一样，E 表示能量函数。$Z(\theta)$ 是一个归一化常数，能够使所有概率分布的总和等于 1，可用下式表示。

$$Z(\theta) = \sum_{x} \exp\{-E(x,\theta)\} \tag{4.17}$$

玻尔兹曼机中引入概率分布后，公式 (4.15) 中的似然函数可以像下面这样转换为对数似然函数。

$$\log L(\theta) = \sum_{n=1}^{N} \log p(x_n \mid \theta) \tag{4.18}$$

当对数似然函数的梯度为 0 时，就可以得到最大似然估计量。而对于对数似然函数，通过求连接权重 w_{ij} 和偏置 b_i 的相关梯度，可以求出调整值。但是，因为似然函数是基于所有单元组合来计算的，所以单元数过多将会导致组合数异常庞大，无法进行实时计算。为了解决这个问题，人们提出了一种近似算法，即对比散度（Contrastive Divergence，CD）算法 [22]。我们将在 4.4 节中对这种算法进行详细说明。

玻尔兹曼机有两种构成形式：第一种前面介绍过，全部由可见单元构成；第二种则由可见单元和隐藏单元共同构成，如图 4.6 所示。隐藏单元与输入数据没有直接联系。以图像为例，图像的像素点就相当于可见单元。前面的介绍就是在计算各像素点为黑 = 0 或白 = 1 的概率。隐藏单元虽然与输入数据没有直接联系，但是会影响可见单元的概率。假设可见单元为可见变量 v、隐藏单元为隐藏变量 h。玻尔兹曼机中含有隐藏变量时，概率分布仍然与前面计算的结果相同。所以，这并没有解决似然函数中组合数庞大的问题。与不含隐藏变量的情况相比，玻尔兹曼机中增加隐藏变量后，参数量相应增加了一个输入数据维度。因此组合数增加，计算愈发困难。

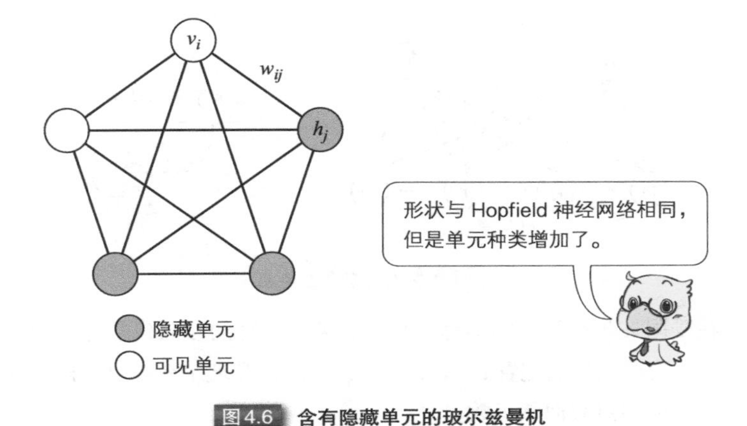

图 4.6 含有隐藏单元的玻尔兹曼机

4.3 受限玻尔兹曼机

含有隐藏变量的玻尔兹曼机的网络训练非常困难。所以，辛顿等人在玻尔兹曼机中加入了“层内单元之间无连接”的限制，提出了受限玻尔兹曼机（Restricted Boltzmann Machine）[3, 23, 56]。受限玻尔兹曼机是由可见层和隐藏层构成的两层结构，可见层和隐藏层又分别由可见变量和隐藏变量构成（图 4.7）。可见层与隐藏层之间是相互连接着的，而相同层内单元之间均无连接。受限玻尔兹曼机的能量函数如下所示。

$$E(v,h,\theta)=-\sum_{i=1}^{n}b_i v_i-\sum_{j=1}^{m}c_j h_j-\sum_{i=1}^{n}\sum_{j=1}^{m}w_{ij}v_i h_j \tag{4.19}$$

b_i 是可见变量的偏置，c_j 是隐藏变量的偏置，w_{ij} 是连接权重，θ 是表示所有连接权重和偏置的参数集合。能量函数 $E(v, h, \theta)$ 中，可见变量 v_i 和隐藏变量 h_j 的乘积即表示两者之间的相关程度，其与连接权重 w_{ij} 一致时，能够得到参数的最大似然估计量。状态 (v, h) 的联合概率分布如下所示。

$$p(v,h\mid\theta)=\frac{1}{Z}\exp\{-E(v,h,\theta)\} \tag{4.20}$$

$$Z=\sum_{v,h}\exp\{-E(v,h,\theta)\} \tag{4.21}$$

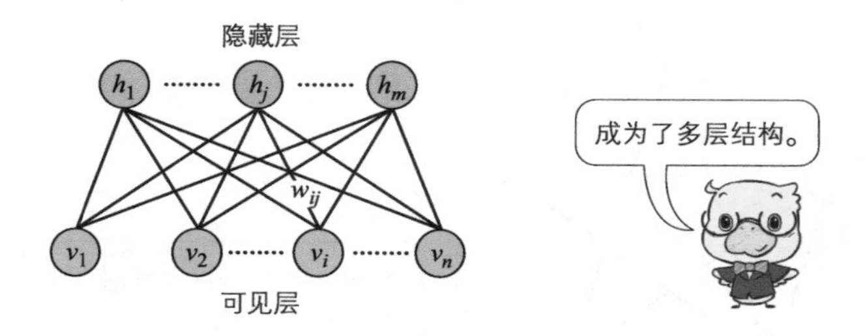

图 4.7 受限玻尔兹曼机

在受限玻尔兹曼机的训练过程中，需要计算的参数包括可见变量的偏置 b_i、隐藏变量的偏置 c_j 以及连接权重 w_{ij}。和玻尔兹曼机一样，计算时也需要使用对数似然函数。

$$\begin{aligned}\log L(\theta|v) &= \log\frac{1}{Z}\sum_h \exp\{-E(v,h,\theta)\} \\ &= \log\sum_h \exp\{-E(v,h,\theta)\} - \log\sum_{v,h}\exp\{-E(v,h,\theta)\}\end{aligned} \tag{4.22}$$

对公式 (4.22) 求导计算梯度。

$$\begin{aligned}\frac{\partial \log L(\theta|v)}{\partial\theta} &= \frac{\partial}{\partial\theta}(\log\sum_h \exp(-E(v,h,\theta))) - \frac{\partial}{\partial\theta}(\log\sum_{v,h}\exp(-E(v,h,\theta))) \\ &= -\frac{1}{\sum_h \exp\{-E(v,h,\theta)\}}\sum_h \exp\{-E(v,h,\theta)\}\frac{\partial E(v,h,\theta)}{\partial\theta} \\ &\quad + \frac{1}{\sum_{v,h}\exp\{-E(v,h,\theta)\}}\sum_{v,h}\exp\{-E(v,h,\theta)\}\frac{\partial E(v,h,\theta)}{\partial\theta} \\ &= -\sum_h p(h|v)\frac{\partial E(v,h,\theta)}{\partial\theta} + \sum_{v,h}p(v,h)\frac{\partial E(v,h,\theta)}{\partial\theta}\end{aligned} \tag{4.23}$$

然后计算连接权重 w_{ij} 和偏置 b_i、c_j。

$$\begin{aligned}\frac{\partial \log L(\theta|v)}{\partial w_{ij}} &= -\sum_h p(v|h)\frac{\partial E(v,h,\theta)}{\partial w_{ij}} + \sum_{v,h}p(v,h)\frac{\partial E(v,h,\theta)}{\partial w_{ij}} \\ &= \sum_h p(v|h)h_j v_i - \sum_v p(v)\sum_h p(h|v)h_j v_i \\ &= p(H_j = 1|v)v_i - \sum_v p(v)p(H_j = 1|v)v_i\end{aligned} \tag{4.24}$$

$$\frac{\partial \log L(\theta \mid v)}{\partial b_i} = v_i - \sum_v p(v) v_i \tag{4.25}$$

$$\frac{\partial \log L(\theta \mid v)}{\partial c_j} = p(H_j = 1 \mid v) - \sum_v p(v) p(H_j = 1 \mid v) \tag{4.26}$$

接下来，各参数形式就可以更新如下。

$$w_{ij} \leftarrow w_{ij} - \frac{\partial \log L(\theta \mid v)}{\partial w_{ij}} \tag{4.27}$$

$$b_i \leftarrow b_i - \frac{\partial \log L(\theta \mid v)}{\partial b_i} \tag{4.28}$$

$$c_j \leftarrow c_j - \frac{\partial \log L(\theta \mid v)}{\partial c_j} \tag{4.29}$$

然后迭代更新。不过，和玻尔兹曼机一样，受限玻尔兹曼机也同样存在问题。$\sum_v P(v)$ 是所有输入模式的总和，不可避免会产生庞大的计算量。要想解决这个问题，可以使用 Gibbs 采样（Gibbs Sampling）算法进行迭代计算求近似解。但是即使这样处理，迭代次数也仍然非常多。于是，人们又提出了对比散度算法这种近似算法。

4.4 对比散度算法

和 Gibbs 采样一样，对比散度算法也是一种近似算法，能够通过较少的迭代次数求出参数调整值[22]。参数的调整步骤如下所示。

对比散度算法的训练

0. 训练准备

　使用随机数初始化连接权重和偏置

1. 调整参数

　1.1. 在可见层 $v^{(0)}$ 设置输入模式

　1.2. 调整隐藏层中单元 $h^{(0)}$ 的值

　1.3. 根据输出 x_i 和 x_j 的值，调整连接权重 w_{ij}、偏置 b_i 和偏置 c_j

　1.4. 调整连接权重和偏置

重复步骤 1.1 至步骤 1.4

首先如图 4.8(a) 所示，在可见层设置初始值。然后如图 4.8(b) 所示，根据参数初始值计算隐藏层 $h^{(0)}$ 为状态 1 的概率 $p(h^{(0)}=1|v^{(0)})$。

$$p(h_j^{(0)}=1\mid v^{(0)})=\sigma\left(\sum_{i=1}^{n} w_{ij}v_i^{(0)}+c_j\right) \tag{4.30}$$

计算上式得到的是一个概率，所以接下来如图 4.8(c) 所示，根据这个概率计算符合二项分布的隐藏层中单元 $h_j^{(0)}$ 的状态。在这个二项分布中，h_1, h_j, h_m 状态为 1 的概率分别是 0.8, 0.5, 0.9，求得它们的状态分别是 0, 1, 1。

接下来如图 4.8(d) 所示，根据隐藏层的值，计算可见层 $v^{(1)}$ 状态为 1 的概率 $p(v^{(1)}=1|h^{(0)})$，如下所示。

$$p(v_i^{(0)}=1\mid h^{(0)})=\sigma\left(\sum_{j=1}^{m} w_{ij}h_j^{(0)}+b_i\right) \tag{4.31}$$

然后和隐藏层一样，根据通过上式计算得到的概率计算可见层中单元 $v_i^{(1)}$ 的状态，如图 4.8(e) 所示。

$$p(h_j^{(1)}=1\mid v^{(1)})=\sigma\left(\sum_{i=1}^{n} w_{ij}v_i^{(1)}+c_j\right) \tag{4.32}$$

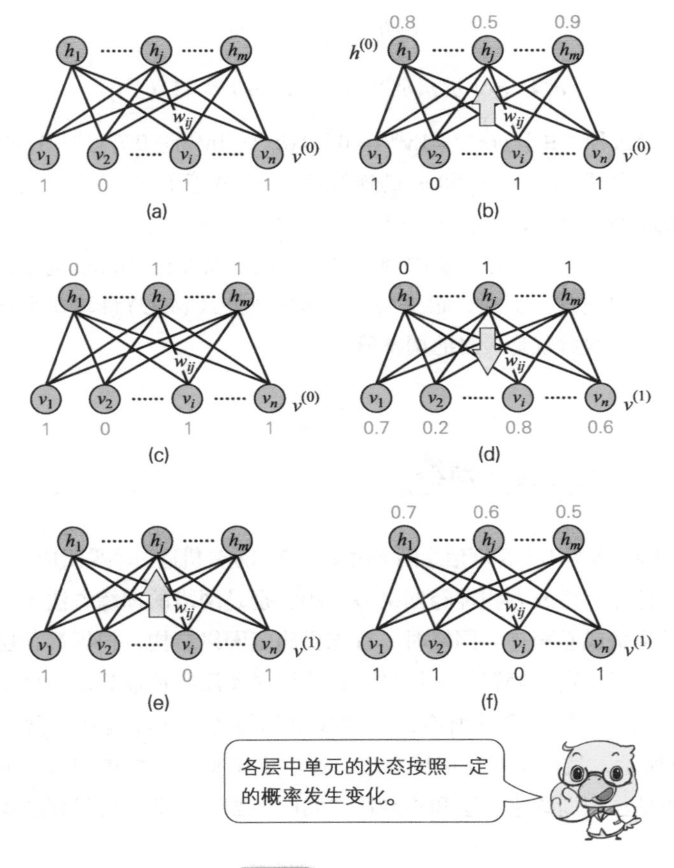

图 4.8 对比散度算法

v_1, v_2, v_i, v_n 为 1 的概率分别是 0.7, 0.2, 0.8, 0.6，这里求得它们的状态为 1, 1, 0, 1。

接下来，如图 4.8(f) 所示，再次根据可见层的值 $v^{(1)}$ 计算隐藏层中单元 $h_j^{(1)}$ 状态为 1 的概率 $p(h_j^{(1)}=1|v^{(1)})$。对比散度算法需要迭代 T 次前文所说的步骤 1.1 至步骤 1.2。不过，通常 $T=1$ 即可。

连接权重 w_{ij}、偏置 b_i, c_j 的调整值分别如下所示。

$$w_{ij} \leftarrow w_{ij} + \eta(p(h_j^{(0)}=1 \mid v^{(0)})v_i^{(0)} - p(h_j^{(1)}=1 \mid v^{(1)})v_i^{(1)}) \tag{4.33}$$

$$b_i \leftarrow b_i + \eta(v_i^{(0)} - v_i^{(1)}) \tag{4.34}$$

$$c_j \leftarrow c_j + \eta(p(h_j^{(0)} = 1 | v^{(0)}) - p(h_j^{(1)} = 1 | v^{(1)})) \tag{4.35}$$

根据以上过程，由于 $p(h_j^{(0)} = 1|v^{(0)}) = 0.8, p(h_j^{(1)} = 1|v^{(1)}) = 0.7, v_i^{(0)} = 1, v_i^{(1)} = 1$，所以利用公式 (4.33)，$v_1$ 和 h_1 的连接权重 w_{ij} 就等于 w_{ij} 加上 0.1η，而偏置 b_i 的调整值为 0，偏置 c_j 等于 c_j 加上 0.1η。这里的 η 表示学习率。和神经网络一样，玻尔兹曼机中调整参数时也是以 Mini-Batch 为单位进行计算时效果更佳。此时，根据公式 (4.33) 至公式 (4.35) 计算每个样本的调整值，平均后就是最终的调整值。

4.5 深度信念网络

辛顿等人提出的深度信念网络由受限玻尔兹曼机通过堆叠组成 [25, 38, 39]，与多层神经网络或卷积神经网络最大的区别是网络的训练方法不同。训练神经网络或卷积神经网络时，首先要确定网络结构，根据最顶层的误差调整连接权重和偏置。具体做法是使用误差反向传播算法，把误差反向传播到下一层，调整所有的连接权重和偏置。而深度信念网络则如图 4.9 所示，是使用对比散度算法，逐层来调整连接权重和偏置的。具体做法是首先训练输入层和隐藏层之间的参数，把训练后得到的参数作

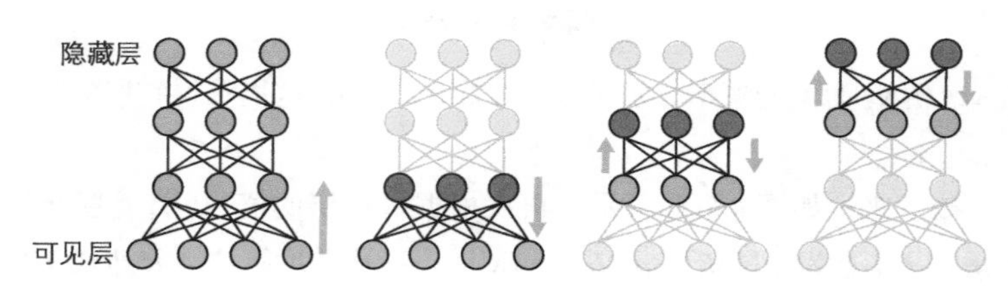

图 4.9 深度信念网络

为下一层的输入，再调整该层与下一个隐藏层之间的参数。然后逐次迭代，完成多层网络的训练。

深度信念网络既可以当作生成模型来使用，也可以当作判别模型来使用。作为生成模型使用时，网络会按照某种概率分布生成训练数据。概率分布可根据训练样本导出，但是覆盖全部数据模式的概率分布很难导出。所以，这里使用最大似然估计法训练参数，得到最能覆盖训练样本的概率分布。这种生成模型能够去除输入数据中含有的噪声，得到新的数据，也能够进行输入数据压缩和特征表达。而作为判别模型使用时，需要在模型顶层添加一层来达到分类的功能[26]。就像手写字符识别那样，判别模型能够对输入数据进行分类。受限玻尔兹曼机不能单独作为判别模型使用，必须在顶层增加特殊的层才能进行数据分类。

设深度信念网络的各层为 $l = 0, 1, \cdots, L$，可见层为 $v(0)$，隐藏层的单元为 $h(^l)$。各层的条件概率分布如下所示。

$$p(h^{(l)} \mid h^{(l-1)}) = (\prod_i f(b_i^{(l)} + \sum_j w_{ij}^{(l-1)} h_j^{(l-1)})) \tag{4.36}$$

隐藏层中一个单元的条件概率分布如下所示。

$$p(h_j^{(1)} \mid h^{(l-1)}) = f(b_i^{(l)} + \sum_j w_{ij}^{(l-1)} h_j^{(l-1)}) \tag{4.37}$$

利用上式，设 $h^{(0)} = v$，迭代调整各层的参数。

深度信念网络作为判别模型使用时，可以像图 4.10 这样在最顶层级联一个 Softmax 层。进行分类时，需要同时提供训练样本和期望输出。除最顶层外，其他各层都可以使用无监督学习进行训练。接下来，把训练得到的参数作为初始值，使用误差反向传播算法对包含最顶层的神经网络进行训练。最顶层的参数使用随机数进行初始化。

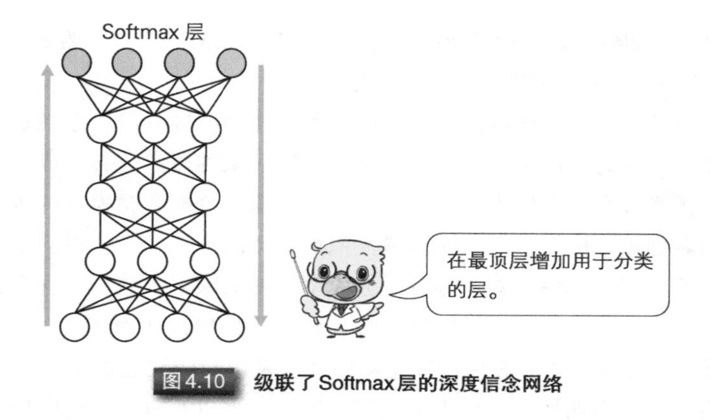

图 4.10 级联了 Softmax 层的深度信念网络

4.6 小结

玻尔兹曼机起源于 Hopfield 神经网络这种相互连接型神经网络，在此基础上人们又提出了受限玻尔兹曼机。深度学习之所以变得如此流行，受限玻尔兹曼机功不可没，堆叠式的想法也是由此诞生的。虽然当前的主流技术是卷积神经网络和自编码器，但是受限玻尔兹曼机可用于卷积神经网络的预训练等，因此仍然是一项非常重要的技术。

第5章

自编码器

MARKER PEN BULE

自编码器是一种基于无监督学习的数据维度压缩和特征表达方法，多层自编码器能够更好地进行压缩及特征表达。本章将介绍自编码器及其变种，比如降噪自编码器、稀疏自编码器，以及由多层自编码器组成的栈式自编码器。

5.1 自编码器

自编码器（autoencoder）[26] 是一种有效的数据维度压缩算法，主要应用在以下两个方面。

- 构建一种能够重构输入样本并进行特征表达的神经网络
- 训练多层神经网络时，通过自编码器训练样本得到参数初始值

第一条中的“特征表达”是指对于分类会发生变动的不稳定模式，例如手写字符识别中由于不同人的书写习惯和风格的不同造成字符模式不稳定，或者输入样本中包含噪声等情况，神经网络也能将其转换成可以准确识别的特征。当样本中包含噪声时，如果神经网络能够消除噪声，则被称为降噪自编码器（denoising autoencoder）[72]。另外还有一种称为稀疏自编码器（sparse autoencoder）的网络，它在自编码器中引入了正则化项，以去除冗余信息。

第二条中的“得到参数初始值”是指在多层神经网络中得到最优参数。一个多层神经网络的训练，首先要利用随机数初始化训练样本的参数，然后通过训练样本得到最优参数。但是，如果是层数较多的神经网络，即使使用误差反向传播算法也很难把误差梯度有效反馈到底层，这样就会导致神经网络训练困难。所以，需要使用自编码器计算每层的参数，并将其作为神经网络的参数初始值逐层训练，以便得到更加完善的神经网络模型。首先，我们来看一下自编码器（图 5.1）。

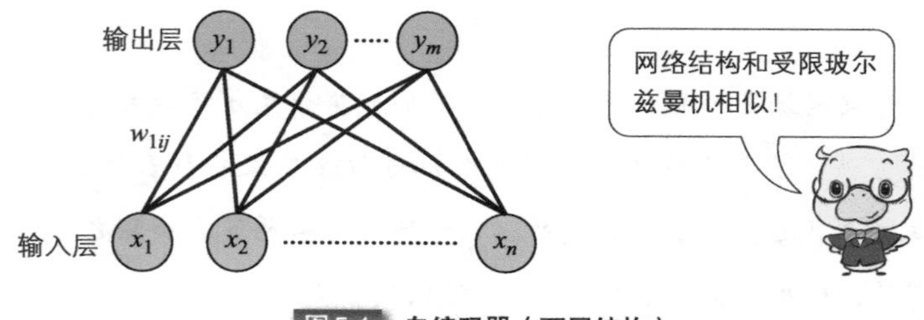

图 5.1 自编码器（两层结构）

自编码器的基本形式如图 5.1 所示，和受限玻尔兹曼机一样，都是两层结构，由输入层和输出层组成。图中的输入数据 $\boldsymbol{x}$ 与对应的连接权

重 $\boldsymbol{W}$ 相乘，再加上偏置 $\boldsymbol{b}$，并经过激活函数 $\boldsymbol{f}(\cdot)$ 变换后，就可以得到输出 $\boldsymbol{y}$，如下所示。

$$\boldsymbol{y}=\boldsymbol{f}(\boldsymbol{W}\boldsymbol{x}+\boldsymbol{b}) \tag{5.1}$$

自编码器是一种基于无监督学习的神经网络，目的在于通过不断调整参数，重构经过维度压缩的输入样本。现在我们来看一种能够重构输入样本的三层神经网络（图 5.2）。我们把输入层到中间层之间的映射称为编码，把中间层到输出层之间的映射称为解码。编码和解码的过程如图 5.3 所示，先通过编码得到压缩后的向量，再通过解码进行重构。

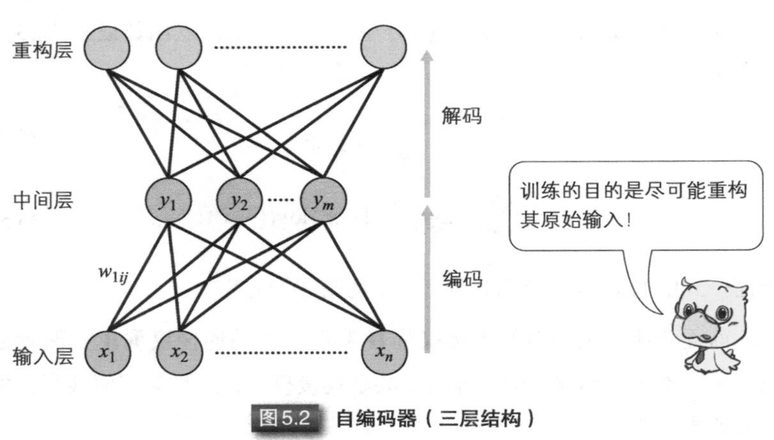

图5.2 自编码器（三层结构）

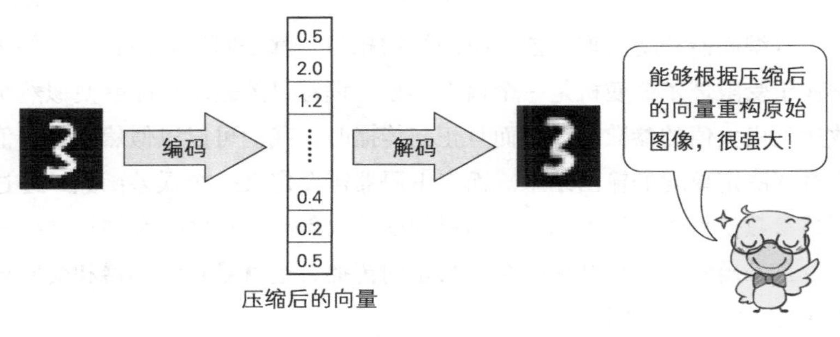

图5.3 自编码器的作用

中间层和重构层之间的连接权重及偏置分别记作 $\widetilde{\boldsymbol{W}}$ 和 $\tilde{\boldsymbol{b}}$，重构值（解码结果）记作 $\tilde{\boldsymbol{x}}$。

$$\tilde{\boldsymbol{x}}=\widetilde{\boldsymbol{f}}(\widetilde{\boldsymbol{W}}\boldsymbol{y}+\tilde{\boldsymbol{b}}) \tag{5.2}$$

这里，$\boldsymbol{f}(\cdot)$ 表示编码器的激活函数，$\widetilde{\boldsymbol{f}}(\cdot)$ 表示解码器的激活函数。

根据公式 (5.1) 和公式 (5.2) 可以得到重构层的 $\tilde{\boldsymbol{x}}$。

$$\tilde{\boldsymbol{x}}=\widetilde{\boldsymbol{f}}(\widetilde{\boldsymbol{W}}\boldsymbol{f}(\boldsymbol{W}\boldsymbol{x}+\boldsymbol{b})+\tilde{\boldsymbol{b}}) \tag{5.3}$$

自编码器的训练就是确定编码器和解码器的参数 $\boldsymbol{W}$, $\widetilde{\boldsymbol{W}}$, $\boldsymbol{b}$, $\tilde{\boldsymbol{b}}$ 的过程。首先，使用公式 (5.3) 计算输入样本 $\boldsymbol{x}$ 的重构值 $\tilde{\boldsymbol{x}}$，然后使用误差反向传播算法调整参数值，不断迭代上述过程直至误差函数收敛于极小值。误差函数 E 可以使用公式 (5.4) 中的最小二乘误差函数或公式 (5.5) 中的交叉熵代价函数。

$$E=\sum_{n=1}^{N}\|x_n-\widetilde{x_n}\|^2 \tag{5.4}$$

$$E=-\sum_{i=1}^{N}(x_i\log\tilde{x}_i+(1-x_i)\log(1-\tilde{x}_i)) \tag{5.5}$$

上面公式中的 x_i 和 $\tilde{x}_i$ 分别表示 x 和 $\tilde{x}$ 的第 i 个元素。

前面介绍了编码器的连接权重 $\boldsymbol{W}$ 和解码器的连接权重 $\widetilde{\boldsymbol{W}}$，两者数值不同。不过编码器和解码器可以共享连接权重，这称为权值共享，可用公式表示如下。

$$\widetilde{\boldsymbol{W}}=\boldsymbol{W} \tag{5.6}$$

自编码器和受限玻尔兹曼机的结构相似，都是两层。两者最大的区别在于受限玻尔兹曼机是一个概率模型，训练目的是求出能够使似然函数达到极大值的参数估计，而且正向传播时，我们可以以似然函数的值为概率决定单元的输出结果。而自编码器需要定义一个误差函数，通过调整参数使得输入样本和重构结果的误差收敛于极小值。和神经网络一样，自编码器的计算结果也会进行正向传播，这就是自编码器和受限玻尔兹曼机的主要区别。

5.2 降噪自编码器

自编码器的重构结果和输入样本的模式是相同的。在自编码器的基础上衍生的降噪自编码器如图 5.4 所示。降噪自编码器的网络结构与自编码器一样，只是对训练方法进行了改进，改进后的训练过程如图 5.5 所示。自编码器是把训练样本直接输入给输入层，而降噪自编码器则是把通过向训练样本中加入随机噪声得到的样本 $\tilde{\boldsymbol{x}}$ 输入给输入层。

$$\tilde{\boldsymbol{x}} = \boldsymbol{x} + v\boldsymbol{x} \tag{5.7}$$

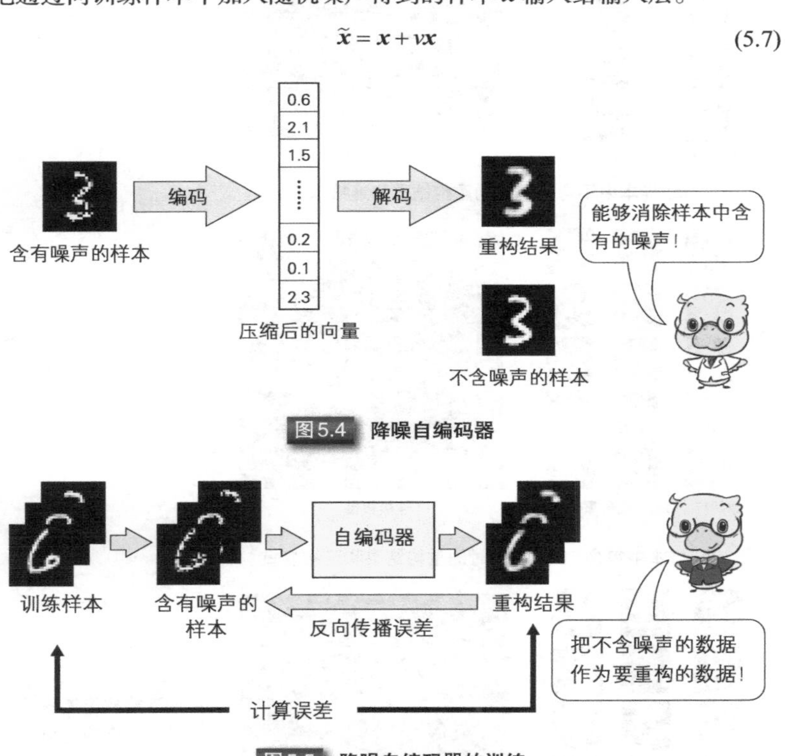

图 5.4 降噪自编码器

图 5.5 降噪自编码器的训练

随机噪声 v 服从均值为 0、方差为 σ^2 的正态分布。我们需要训练神经网络，使得重构结果与不含噪声的样本之间的误差收敛于极小值。误差函数会对不含噪声的输入样本进行测试，故降噪自编码器能够完成下述两项训练。

- 保持输入样本不变的条件下，提取能够更好地反映样本属性的特征
- 消除输入样本中包含的噪声

图 5.6 列举了一个降噪自编码器的训练示例。输入样本使用的是 MNIST 手写字符识别数据集 [36]，样本图像大小为 28 × 28。神经网络的

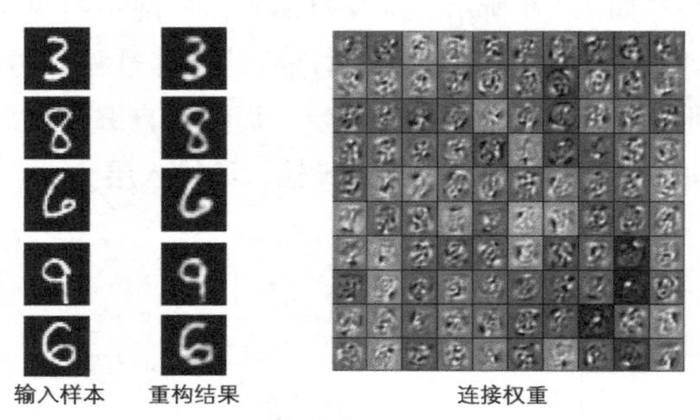

(a) 样本中不含噪声时的重构结果和连接权重

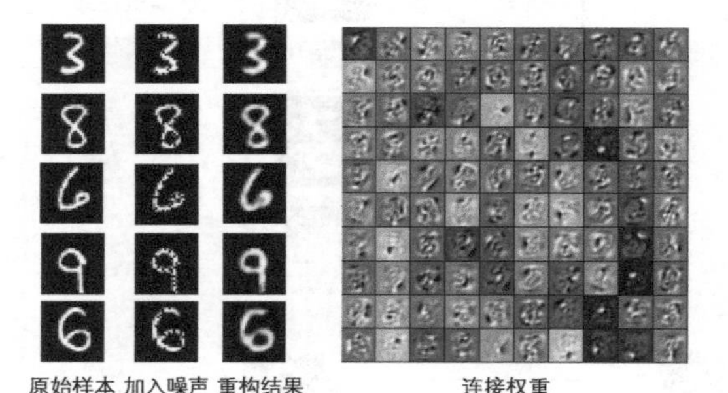

(b) 样本中包含 20% 噪声时的重构结果和连接权重

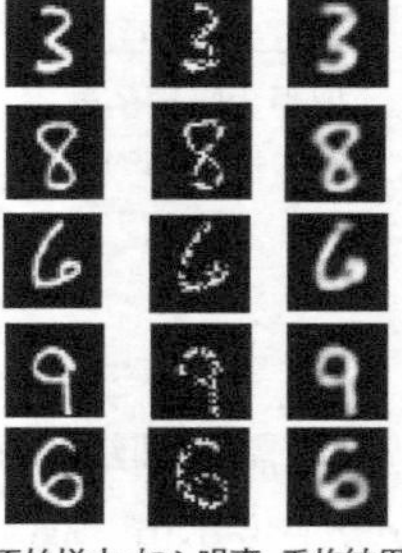

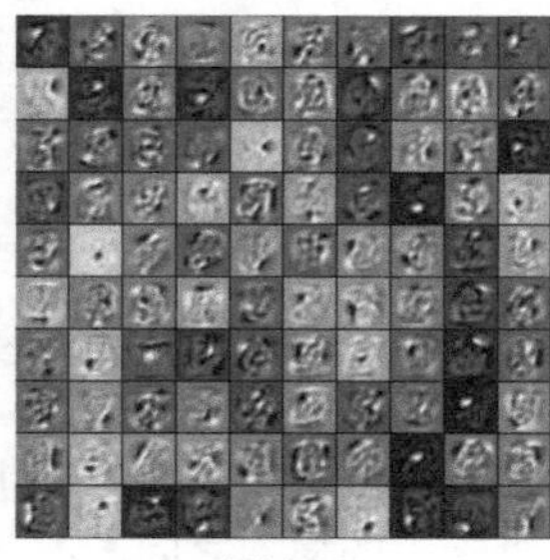

(c) 样本中包含 40% 噪声时的重构结果和连接权重

图 5.6 降噪自编码器的训练结果

输入层有 28 × 28 = 784 个单元，中间层有 100 个单元，重构层有 784 个单元，与输入层相等。图 5.6 用可视化的形式表示了中间层 100 个单元之间的连接权重，可见训练后的连接权重能够捕捉到手写字符的边缘。另外，与原始输入样本比起来，自编码器的重构结果图像相对模糊。图 5.6(b) 和图 5.6(c) 是分别向输入样本中添加了 20% 和 40% 噪声后的重构结果。添加噪声会导致部分字符丢失，但是在将含有噪声的图像作为输入样本重构原始输入时，得到的结果和不含噪声时相差无几。

5.3 稀疏自编码器

自编码器是一种有效的数据维度压缩算法。它会对神经网络的参数进行训练，使输出层尽可能如实地重构输入样本。但是，中间层的单元个数太少会导致神经网络很难重构输入样本，而单元个数太多又会产生单元冗余，降低压缩效率。为了解决这个问题，人们将稀疏正则化引入到自编码器中，提出了稀疏自编码器。通过增加正则化项，大部分单元的输出都变为了 0，这样就能利用少数单元有效完成压缩或重构。加入正则化项后的误差函数 E 如下所示。

$$E=\sum_{n=1}^{N}\| x_n-\tilde{x}_n \|^2+\beta\sum_{j=1}^{M}KL(\rho \| \hat{\rho}_j) \tag{5.8}$$

$\hat{\rho}_j$ 表示中间层第 j 个单元的平均激活度。

$$\hat{\rho}_j=\frac{1}{N}\sum_{n=1}^{N}f(W_j x_n+b_j) \tag{5.9}$$

$KL(\rho \| \hat{\rho}_j)$ 表示 KL 距离[①]（Kullback–Leibler divergence）。

$$KL(\rho \| \hat{\rho}_j)=\rho\log(\frac{\rho}{\hat{\rho}_j})+(1-\rho)\log(\frac{1-\rho}{1-\hat{\rho}_j}) \tag{5.10}$$

---

① 科尔贝克–莱布尔距离函数，也叫 KL 散度或相对熵（relative entropy）。
——译者注

这里的 ρ 表示平均激活度的目标值，$KL(\rho\|\hat{\rho}_j)$ 表示计算得到的平均激活度和目标值的差异。ρ 值越接近于 0，中间层的平均激活度 $\hat{\rho}_j$ 就越小。连接权重 W_j 和偏置 b_j 需要不断调整，以使误差函数 E 收敛于极小值。β 是在原来的误差函数的基础上增加的参数，用于控制稀疏性的权重。在训练网络时，需要通过不断调整参数使 β 达到极小值。和神经网络一样，稀疏自编码器的训练也需要使用误差反向传播算法，通过对误差函数求导计算输入层和中间层之间，以及中间层和重构层之间的连接权重 W 及偏置 b_j 的调整值。在对误差函数 E 进行求导时必须考虑 $KL(\rho\|\hat{\rho}_j)$ 的导数。

$$\begin{aligned}\frac{\partial}{\partial u_j}(\beta\sum_{j=1}^{M}KL(\rho\|\hat{\rho}_j)) &= \beta\frac{\partial}{\partial\hat{\rho}_j}KL(\rho\|\hat{\rho}_j)\frac{\partial\hat{\rho}_j}{\partial u_j} \\ &= (-\frac{\rho}{\hat{\rho}_j}+\frac{1-\rho}{1-\hat{\rho}_j})\frac{\partial\hat{\rho}_j}{\partial u_j}\end{aligned} \tag{5.11}$$

根据公式 (5.9)，可得到下式。

$$\frac{\partial}{\partial u_j}(\beta\sum_{j=1}^{M}KL(\rho\|\hat{\rho}_j)) = (-\frac{\rho}{\hat{\rho}_j}+\frac{1-\rho}{1-\hat{\rho}_j})\frac{\partial\hat{\rho}_j}{\partial u_j}f'(W_jx_n+b_j) \tag{5.12}$$

平均激活度是根据所有样本计算出来的，所以在计算任何单元的反向传播之前，需要对所有样本计算一遍正向传播，从而获取平均激活度。所以，使用小批量梯度下降法进行训练时的效率很低。要想解决这个问题，可以只计算 Mini-Batch 中包含的训练样本的平均激活度，然后在 Mini-Batch 之间计算加权平均并求近似值。假设时刻 $(t-1)$ 的 Mini-Batch 的平均激活度为 $\hat{\rho}_j^{(t-1)}$，当前时刻 t 的 Mini-Batch 的平均激活度为 $\hat{\rho}_j^{(t)}$，则有下式成立。

$$\hat{\rho}_j^{(t)} = \lambda\hat{\rho}_j^{(t-1)} + (1-\lambda)\hat{\rho}_j^{(t)} \tag{5.13}$$

这里的 λ 是权重。λ 越大，则时刻 $(t-1)$ 的 Mini-Batch 所占的比重也越高。

在训练稀疏自编码器时，正则化项的平均激活度目标值 ρ 和 β 是两个非常重要的参数。首先我们来看一下调整 β 时得到的连接权重。和降噪自编码器一样，我们还是使用 MNIST 手写字符识别数据集。假设中间层有 100 个单元，各单元之间的连接权重用可视化的形式表示后，如图 5.7 所示。当 $\beta = 0$ 时表示没有正则化项。此时，中间层各单元之间的连接权重捕捉到的字符都是混杂在一起的。当 $\beta = 0.5$ 时，单元之间的连接权重能够捕捉到部分字符。当 β 逐渐增大到 1.0 或 2.0 时，单元之间的连接权重能够对特定字符做出反应。乍一看，我们可能会觉得各单元

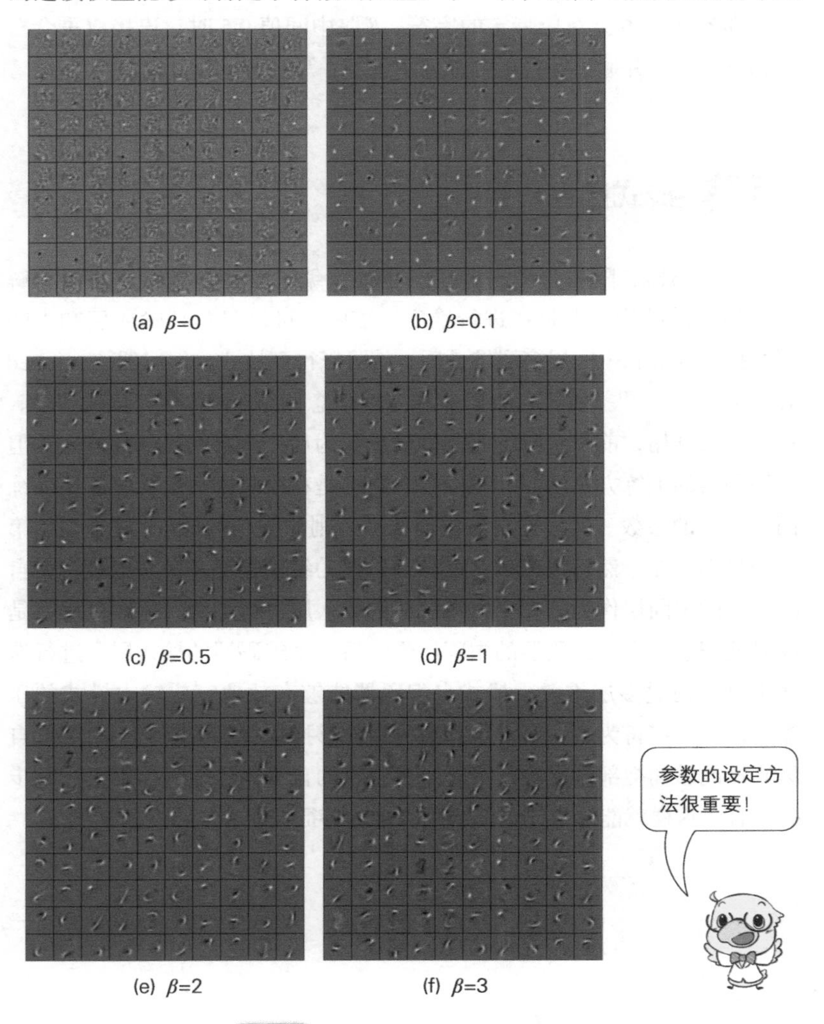

图 5.7 β 值不同导致的连接权重差异

能够对特定字符做出反应是一个很好的结果，但是手写字符因人而异，如果有针对性地识别特定的手写字符，就会导致神经网络对不同人的不同写法进行识别的稳健性较差。

看起来，β似乎能够表示单元之间的关系。当$\beta = 0$时，调整连接权重时会考虑所有字符，而当β增大到1.0或2.0时，各单元是相互独立的，即连接权重会对应特定的字符。β取中间值0.5时，连接权重会对应部分字符，并通过字符组合来表示各种手写字符。

5.4 栈式自编码器

自编码器、降噪自编码器以及稀疏自编码器都是包括编码器和解码器的三层结构，但是在进行维度压缩时，可以只包括输入层和中间层。把输入层和中间层多层堆叠后，就可以得到栈式自编码器（stacked autocoder）[4, 73]。栈式自编码器和深度信念网络一样，都是逐层训练，从第二层开始，前一个自编码器的输出作为后一个自编码器的输入。但两种网络的训练方法不同。深度信念网络是利用对比散度算法逐层训练两层之间的参数。而栈式自编码器的训练则如图5.8所示，首先训练第一个自编码器，然后保留第一个自编码器的编码器部分，并把第一个自编码器的中间层作为第二个自编码器的输入层进行训练，后续过程就是反复地把前一个自编码器的中间层作为后一个编码器的输入层，进行迭代训练。通过多层堆叠，栈式自编码器能够有效地完成输入模式的压缩。以手写字符为例，第一层自编码器能够捕捉到部分字符，第二层自编码器能够捕捉部分字符的组合，更上层的自编码器能够捕捉更进一步的组合。这样就能逐层完成低维到高维的特征提取。

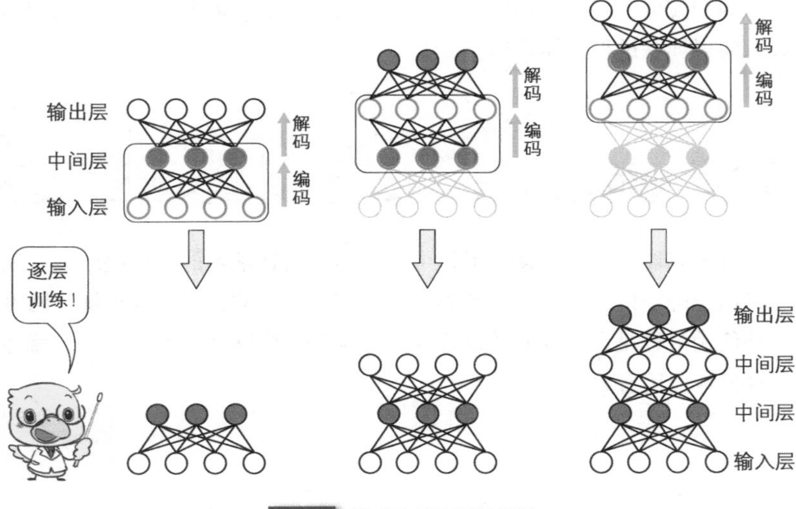

图5.8 栈式自编码器的训练

5.5 在预训练中的应用

栈式自编码器和多层神经网络都能得到有效的参数，所以我们可以把训练后的参数作为神经网络或卷积神经网络的参数初始值[4]，这种方法叫作预训练。首先，选取多层神经网络的输入层和第一个中间层，组成一个自编码器，然后先进行正向传播，再进行反向传播，计算输入与重构结果的误差，调整参数从而使误差收敛于极小值。接下来，训练输入层与第一个中间层的参数，把正向传播的值作为输入，训练其与第二个中间层之间的参数。然后调整参数，使第一个中间层的值与第二个中间层反向传播的值之间的误差收敛于极小值。这样，对第一个中间层的值的重构就完成了。对网络的所有层进行预训练后，可以得到神经网络的参数初始值。截至目前，我们一直使用的是无监督学习，接下来需要使用有监督学习来调整整个网络的参数，这也叫作微调（fine tuning）。如果不实施预训练，而是使用随机数初始化网络参数，网络训练可能会无法顺利完成。实施预训练后，可以得到能够更好地表达训练对象的参数，使得训练过程更加顺利。

5.6 小结

自编码器有多种用途，不仅可以作为无监督学习的特征提取器，还可以用于降噪以及神经网络和卷积神经网络的参数初始值预训练。网络训练使用的也是误差反向传播算法，大家只要能够理解神经网络，就能很轻松地使用自编码器。

第6章

提高泛化能力的方法

前几章介绍了深度学习的训练方法，大家在理解了这些方法后，还需掌握一些实际应用所需的必备知识：首先，在神经网络的训练过程中，训练样本是必不可少的；其次，进行了预处理的数据更容易训练，所以预处理也是一个必不可少的环节；最后，改进后的激活函数和训练方法有助于提高神经网络的泛化能力。本章将详细介绍这些知识点所涉及的各种方法。

6.1 训练样本

6.1.1 数据集

在深度学习的训练过程中，神经网络的类型和结构固然重要，但训练样本才是重中之重。深度学习在物体识别领域获得了巨大成功的原因之一就是海量数据的出现。当数据集包含足够的训练样本时，我们就可以利用数据集训练神经网络。当数据集包含的数据有限或者需要自己采集但采集到的数据量又不足时，可以采用数据增强（data augmentation）方法，使有限的数据得到最大程度的有效利用。接下来，我们会先介绍两个包含了大规模数据的数据集 ImageNet 和 Places，然后介绍对有限数据进行数据增强，以扩充数据量的方法。

6.1.2 ImageNet

大规模数据集 ImageNet[32] 并非只是相似图像的简单集合，其中包含了多个类别，每个类别下的图像又包含多个变种。ImageNet 数据集中的类别按照层级结构分布，层级的末梢节点叫作 Synset，其中含有几百甚至上千张对应物体的图像。主要的类别及其中包含的图像数如表 6.1 所示。这种分类参照了自然语言处理领域的层级结构词典 WordNet①，涵盖了动物、植物、乐器、工艺品等多个领域。其中，动物领域又涵盖了狗、猫、牛等多种类别，犬类又涵盖了杜宾犬、牛头犬等子类别。ImageNet 的图像示例如图 6.1 所示。不同类别下的样本图像的外观和形状也多种多样。如图 6.2 所示，即使都属于“猫鼬”（mongoose）类别，图像的拍摄环境、拍摄角度以及形状也存在差异。

---

① 大型英语词典，可供人们自由下载。对于计算语言学和自然语言处理来说，WordNet 是一个非常有用的工具。——编者注

表6.1 ImageNet数据集中主要的Synset

类别名称	Synset数	每个Synset中的均值图像数	图像总数
amphibian	94	591	56k
animal	3822	732	2799k
appliance	51	1164	59k
bird	856	949	812k
covering	946	819	774k
device	2385	675	1610k
fabric	262	690	181k
fish	566	494	280k
flower	462	735	339k
food	1495	670	1001k
fruit	309	607	188k
fungus	303	453	137k
furniture	187	1043	195k
geological formation	151	838	127k
invertebrate	728	573	417k
mammal	1138	821	934k
musical instrument	157	891	140k
plant	1666	600	999k
reptile	268	707	190k
sport	166	1207	200k
structure	1239	763	946k
tool	316	551	174k
tree	993	568	564k
utensil	86	912	78k
vegetable	176	764	135k
vehicle	481	778	375k
person	2035	468	952k

图6.1 **ImageNet数据集的图像示例**

本图摘自 ImageNet[32]

图6.2 **ImageNet数据集中“猫鼬”类别下的图像示例**

本图摘自 ImageNet[32]

现在的 ImageNet 数据集并非最终完成版本，人们一直在向 ImageNet 数据集中增加数据和类别，目前正在努力完成 10 万个 Synset 的目标。ImageNet 数据集并非简单的图像集合，其卓越之处更在于为图像添加了注释信息。通过按类别添加的注释，我们能够了解每一张图像的所属类别。ImageNet 数据集还为图像添加了物体的位置信息，所以不仅可以用于物体识别，还可以作为物体检测的数据集使用。ImageNet 数据集的优势主要有以下几点。

- 末梢节点数（synset）：21 841
- 图像总数：14 197 122
- 添加了矩形信息的图像总数：1 034 908

ImageNet 大规模视觉识别挑战赛（ImageNet Large Scale Visual Recognition Challenge，ILSVRC）使用的就是 ImageNet 数据集。ILSVRC 使用了 ImageNet 的一部分数据，包含 1000 个类别，每个类别选取了约 1000 张图像，总计有 120 万张训练图像。使用这些样本训练后的卷积神经网络具有较高的泛化能力，所以也有人提出把该网络参数作为神经网络的初始值进行网络训练 [17]。

6.1.3 Places

和 ImageNet 一样，Places 数据集中也包含了大量样本 [53]。ImageNet 数据集是基于 *WordNet* 按层级为图像分类的，主要包括动物、植物以及食物等物体的图像。而 Places 数据集则包括多种场景，例如厨房和卧室等室内场景图像，港口和山川等室外场景图像，以及交通工具和建筑物等各种各样的场景图像（图 6.3）。除此之外，把场景图像作为对象的数据集还包括 Scene15[89]、MIT Indoor67[90]、SUN Database[92] 等公开的数据集，只不过这些数据集的数据规模都不大。SUN Database 中包括近 400 个类别，每个类别中只包含约 100 张图像。而 Places 数据集在 SUN Database 的类别基础上，对每个类别的样本图像进行了大量扩充，包含 205 个类别，总计有 250 万张样本图像，主要的类别及其中包含的图像数如表 6.2 所示。每个类别包含的图像数差异较大，一部分典型类别中包含了几万张样本图像。和 ImageNet 数据集一样，相同类别中的图像也存在多个变种。图 6.4 列举了 castle（城堡）类别中包含的一部分样本。城堡的种类、拍摄角度、拍摄时间等都存在显著差异。

图6.3 Places数据集的图像示例

本图摘自 Places[53]

表6.2 Places数据集的主要类别

类别名称	图像数
aquarium	80 712
baseball field	61 253
bedroom	71 033
canyon	139 574
castle	110 728
cemetery	162 973
creek	69 480

（续）

类别名称	图像数
fountain	111 496
harbor	99 470
highway	73 497
kitchen	64 432
ocean	63 996
palace	77 210
pond	117 722
railroad track	63 899
rainforest	60 594
restaurant	65 897
river	61 376
skyscraper	95 973
train railway	140 018
valley	100 129

风景的种类有很多！

图6.4 Places数据集中castle类别下的图像示例

本图摘自 Places[53]

6.1.4 数据增强

ImageNet 和 Places 数据集的每个类别中都包含了大量的样本图像。如果我们要从零开始创建一个数据集，虽然能够实现，但也是一件非常劳心劳神的事情。ImageNet 和 Places 数据集的创建者主要是当初创建了 Caltech 101 和 SUN Database 数据集的人员。Caltech 101 和 SUN Database 在当时也属于大规模数据集，这些创建者正是应用了当时的经验，才创造出了更大规模的数据集。

那么，在样本有限的情况下，深度学习训练应该如何进行呢？这种情况下，可以采用数据增强方法对已有样本进行变换，以达到增加样本数量的目的。所谓数据增强，就是通过对样本图像进行平移、旋转或者镜像翻转等方式进行变换，来得到新的样本。除此之外，变换方式还包括几何变换、对比度变换、颜色变换、添加随机噪声以及图像模糊等。在对图像进行平移或旋转处理时，可能会出现样本偏离图像区域的情况。而在使用 ImageNet 数据集的样本进行物体识别时，如图 6.5 所示，把原始样本的中央区域设定为感兴趣区域后，可以对该区域进行偏移或旋转，像这样进行图像变换可以防止变换后的样本偏离图像区域。

图6.5 数据增强的示例

对于手写字符识别等样本会产生形状变化的情况，可以先改变其形状（变形）再进行数据增强。变形方法可以使用弹性变换算法（elastic distortion）[62]。弹性变换算法可以使用双线性插值（bilinear interpolation）或双三次插值（bicubic interpolation）等插值法，处理流程如图 6.6 所示。首先选取感兴趣像素 (2, 1)，并使用随机数确定移动量。这里假设移动范围为 ±1。因为移动量是实数，所以我们假设感兴趣像素移动后的新位置为 (2.4, 1.2)。根据 (x, y) 位置周围像素点的像素值进行双线性插值，就可以得到 (x, y) 的像素值。对全部像素进行相同处理后，就可以对原始样本添加手写字符中可能会出现的形状变化（图 6.7）。

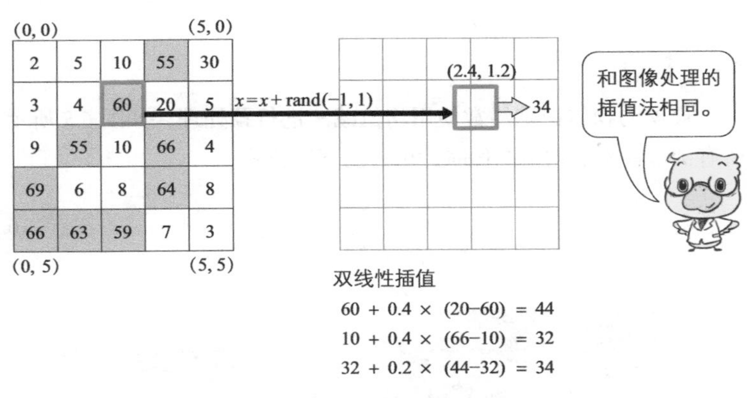

图 6.6 弹性变形的步骤

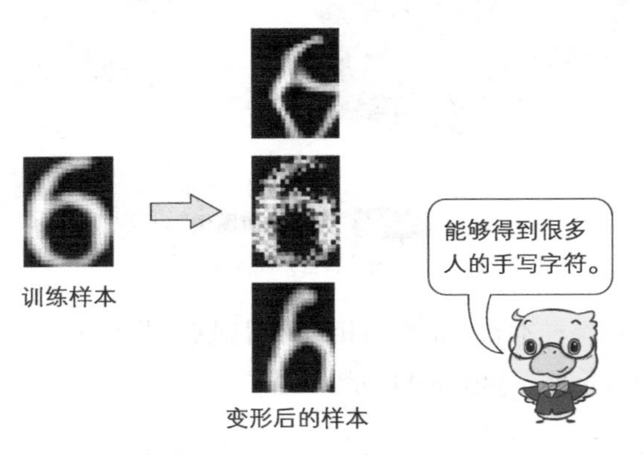

图 6.7 通过弹性变换算法进行数据增强

6.2 预处理

6.2.1 预处理的种类

深度学习对输入数据不做任何特征变换，直接将其输入网络。但是，当样本类别内差异较大时，为了减少样本差异，会对样本数据进行一些预处理。典型的预处理方法如下所示。

- 均值减法[①]
- 均一化
- 白化

6.2.2 均值减法

大规模的物体识别经常使用均值减法进行预处理。如图 6.8 所示计算所有训练样本的均值图像时，可使用下述公式。

$$\bar{\boldsymbol{x}} = \frac{1}{N}\sum_{n=1}^{N}\boldsymbol{x}_n \tag{6.1}$$

图 6.8 生成均值图像

训练样本摘自 ImageNet

然后，训练样本和均值图像相减可得到差分图像 $\bar{x}$，这里将其作为样本数据输入网络，如图 6.9 所示。

① 对数据中每个独立特征减去平均值，又叫去均值（化）或减均值。——译者注

$$\tilde{x} = x - \overline{x} \tag{6.2}$$

这样一来，各数据的平均值就会变为零，图像整体的亮度变化就能得到抑制。

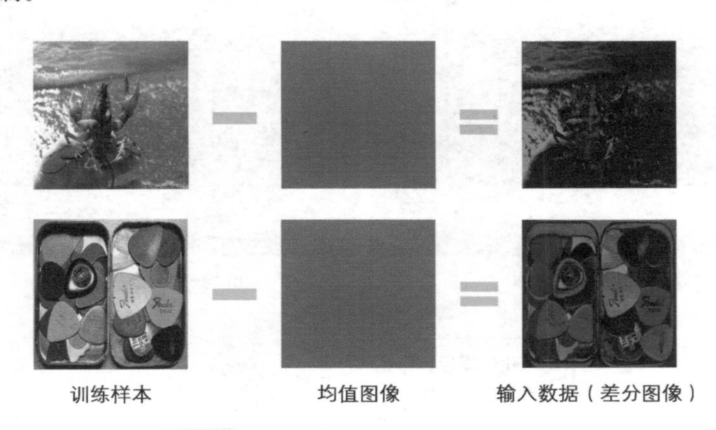

图6.9 训练样本和均值图像相减得到的图像

训练样本摘自 ImageNet

6.2.3 均一化

均一化（normalization）是为样本的均值和方差添加约束的一种预处理方法。均值减法是使各数据的均值为零，而均一化是将方差设为 1 以减少样本数据的波动。首先计算各数据的标准差 σ_i。

$$\sigma_i = \sqrt{\frac{1}{N}\sum_{n=1}^{N}(x_{ni} - \overline{x}_i)} \tag{6.3}$$

然后对样本图像进行均值减法后，再除以标准差。

$$x_{ni} = \frac{\tilde{x}_{ni}}{\sigma_i} \tag{6.4}$$

这样就能得到均值为 0、方差为 1 的标准化数据。对物体识别使用的 CIFAR-10 数据集中的图像进行均一化处理后，结果如图 6.10 所示。可见，和只进行均值减法时相比，均一化处理后的图像之间亮度差异更小。

(a) 训练样本　　(b) 均一化处理后

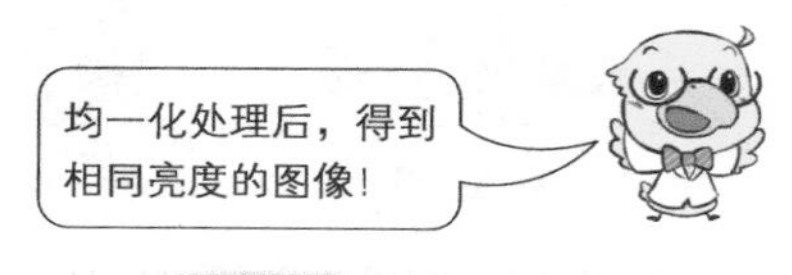

图6.10 均一化处理后的图像

训练样本摘自 CIFAR-10

6.2.4 白化

白化（whitening）是一种消除数据间相关性的方法[9]。经过白化处理后，数据之间相关性较低，图像边缘增强。首先进行均值减法，使得数据均值为零，得到的图像用 $\tilde{\boldsymbol{x}}$ 表示。

$$\tilde{\boldsymbol{x}} = \boldsymbol{x} - \overline{\boldsymbol{x}} \tag{6.5}$$

然后同样处理所有训练样本，使其均值为零，记作 $\boldsymbol{X} = [x_1, x_2, \cdots, x_N]$。白化处理就是进行如下所示的线性变换。

$$\boldsymbol{Y} = \boldsymbol{W}\boldsymbol{X} \tag{6.6}$$

变换矩阵 $\boldsymbol{W}$ 满足下述关系。

$$\boldsymbol{W} = \boldsymbol{W}^{\mathrm{T}} \tag{6.7}$$

这里的 $\boldsymbol{W}^{\mathrm{T}}$ 是 $\boldsymbol{W}$ 的转置矩阵，称为 ZCA（Zero-phase Component Analysis，零相位成分分析）白化[2]。

通过协方差矩阵可以计算数据间的相关性。这里设训练样本的协方差矩阵如下所示。

$$\Phi_X = \frac{1}{N}\sum_{n=1}^{N}\tilde{\boldsymbol{x}}_n\tilde{\boldsymbol{x}}_n^{\mathrm{T}} = \frac{1}{N}\boldsymbol{X}\boldsymbol{X}^{\mathrm{T}} \tag{6.8}$$

同时设进行 ZCA 白化后得到的协方差矩阵如下所示。

$$\Phi_Y = \frac{1}{N}\sum_{n=1}^{N}\tilde{\boldsymbol{y}}_n\tilde{\boldsymbol{y}}_n^{\mathrm{T}} = \frac{1}{N}\boldsymbol{Y}\boldsymbol{Y}^{\mathrm{T}} \tag{6.9}$$

将白化后的协方差矩阵变换成单位矩阵后，公式 (6.9) 可变形为如下形式。

$$\Phi_Y = \boldsymbol{I} \tag{6.10}$$

代入 $\boldsymbol{Y}$ 和 $\boldsymbol{X}$。

$$\begin{aligned} \boldsymbol{W}^{\mathrm{T}}\boldsymbol{W}\boldsymbol{X}\boldsymbol{X}^{\mathrm{T}}\boldsymbol{W}^{\mathrm{T}} &= \boldsymbol{W}^{\mathrm{T}} \\ \boldsymbol{W}^2\boldsymbol{X}\boldsymbol{X}^{\mathrm{T}}\boldsymbol{W}^{\mathrm{T}} &= \boldsymbol{W}^{\mathrm{T}} \\ \boldsymbol{W}^2\boldsymbol{X}\boldsymbol{X}^{\mathrm{T}} &= \boldsymbol{I} \\ \boldsymbol{W}^2 &= (\boldsymbol{X}\boldsymbol{X}^{\mathrm{T}})^{-1} \\ \boldsymbol{W} &= (\boldsymbol{X}\boldsymbol{X}^{\mathrm{T}})^{-\frac{1}{2}} \end{aligned} \tag{6.11}$$

对 $\boldsymbol{X}\boldsymbol{X}^{\mathrm{T}}$ 进行奇异值分解后，上式可变形为如下形式。

$$\begin{aligned} (\boldsymbol{X}\boldsymbol{X}^{\mathrm{T}})^{-\frac{1}{2}} &= ((\boldsymbol{X}\boldsymbol{X}^{\mathrm{T}})^{-1})^{\frac{1}{2}} \\ &= ((\boldsymbol{P}\boldsymbol{D}\boldsymbol{P}^{\mathrm{T}})^{-1})^{\frac{1}{2}} \\ &= (\boldsymbol{P}\boldsymbol{D}^{-1}\boldsymbol{P}^{\mathrm{T}})^{\frac{1}{2}} \\ &= (\boldsymbol{P}\boldsymbol{D}^{-\frac{1}{2}}\boldsymbol{P}^{\mathrm{T}}) \end{aligned} \tag{6.12}$$

这里的 $\boldsymbol{P}$ 和 $\boldsymbol{D}$ 分别表示奇异值分解后得到的正交矩阵和对角矩阵。对变换矩阵进行白化后的结果如下所示。

$$\boldsymbol{W} = (\boldsymbol{P}\boldsymbol{D}^{-\frac{1}{2}}\boldsymbol{P}^{\mathrm{T}}) \tag{6.13}$$

和前面介绍均一化处理时一样，也对 CIFAR-10 数据集的图像进行 ZCA 白化，结果如图 6.11 所示。这样就可以消除直流分量等相关性较高的像素的信息，只保留边缘等相关性较低的像素。像这样提取图像特征，能够提高图像识别性能。

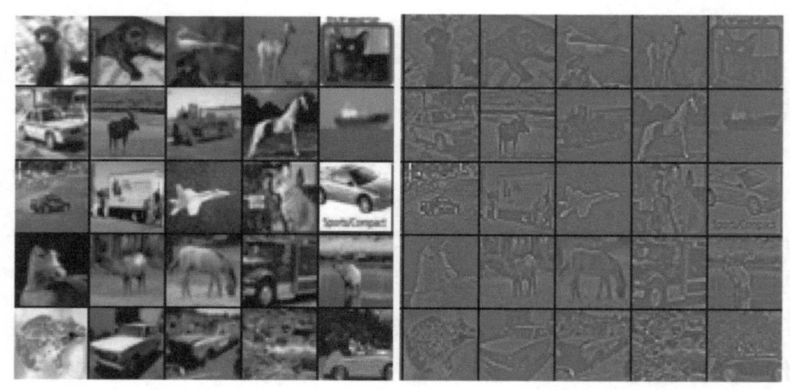

(a) 训练样本　　　　(b)ZCA 白化处理后

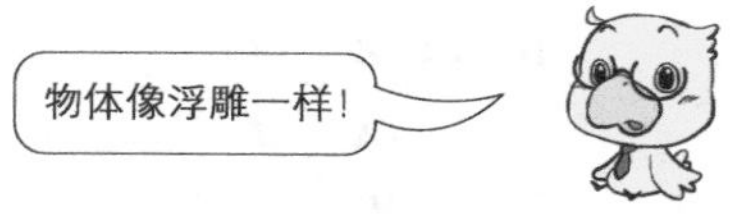

图 6.11 进行 ZCA 白化后的图像

训练样本摘自 CIFAR-10

6.3 激活函数

6.3.1 激活函数的种类

sigmoid 函数是神经网络中最常使用的激活函数。在深度学习领域，自从提出 ReLU 函数后，人们又陆续提出了一些新的激活函数或 ReLU 的衍生函数。主要的激活函数如下所示。

- maxout
- Leaky ReLU
- Parametric ReLU（PReLU）
- Randomized leaky Rectified Linear Units（RReLU）

6.3.2 maxout

maxout 是由伊恩·古德菲洛[1]等人提出的激活函数，单元 h_k 的值可

[1] 即 Ian Goodfellow，现为谷歌大脑团队研究员，提出了生成式对抗网络（Generative Adversarial Networks，GANs）。——编者注

用下式表示[19]。

$$h_k(x) = \max_{j \in [1,k]} z_{ij} \tag{6.14}$$

公式中的 $z_{ij} = \sum_{i=1}^{N} w_{ij} x_i + b_j$，是对“输入 x_i 与其对应的连接权重 w_{ij} 的乘积以及偏置之和”进行求和后的结果。由于这里是从 k 个单元输出值中取最大值作为单元的输出，所以 maxout 可以学习到单元之间的关系。另外，maxout 激活函数还可以理解成一种分段线性函数来近似任意凸函数。如图 6.12 所示，在卷积层使用 maxout 激活函数时，从多个特征图的相同位置中选取最大值作为最后的特征图。池化操作是从相同特征图的局部区域中选取最大值，可以看作是特征图的缩小处理。而 maxout 激活函数是从特征图之间选取最大值作为最后的特征图，所以可以看作是减少了特征图个数。

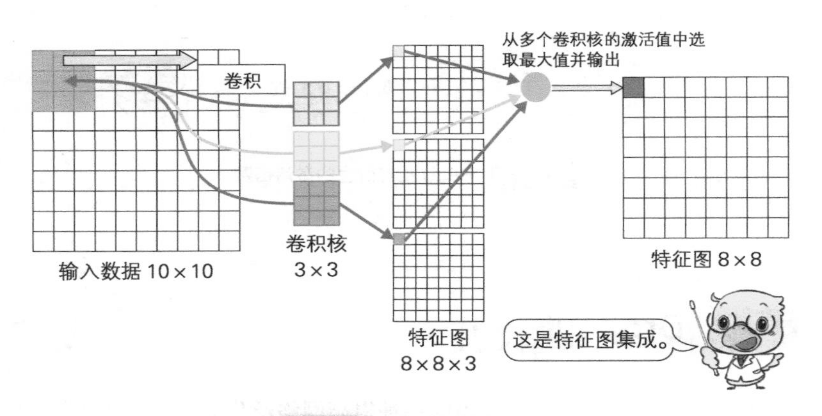

图6.12 卷积层中的maxout

6.3.3 从ReLU衍生的激活函数

ReLU 激活函数是一个非线性函数，如果输入小于 0 则输出 0，如果大于等于 0 则输出该值（图 6.13）。为了在输入小于 0 时能够输出负值，人们提出了 Leaky ReLU[42]、PReLU[20] 和 RReLU[76] 等激活函数。这些函数的负数端斜率和正数端的不同。如公式 (6.15) 所示，Leaky ReLU 激活函数中，设 a_i 是一个很小的值（如 1/100），则负数端斜率较小。a_i 的值通常都是训练前确定的。

$$y_i=\begin{cases}x_i,\ x_i\geqslant 0\text{时}\\ \dfrac{x_i}{a_i},\ x_i<0\text{时}\end{cases} \tag{6.15}$$

而 PReLU 中的 a_i 是在根据误差反向传播算法进行训练时确定的，是从一个均匀分布中随机抽取的数值。测试时，a_i 使用均匀分布的中央值。通过性能对比测试报告可知，几种函数的实现性能差异不大，不过 RReLU 的性能最优 [20]。

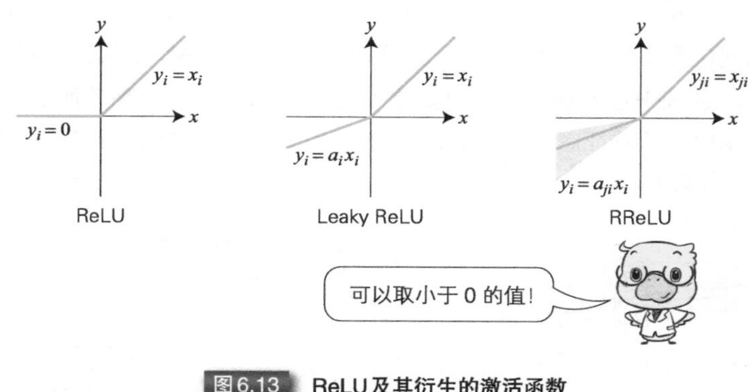

图6.13 ReLU及其衍生的激活函数

6.4 Dropout

Dropout 是由辛顿等人提出的一种提高网络泛化能力的方法 [65]。过拟合问题是神经网络中的常见问题。在 20 世纪 80 年代至 20 世纪 90 年代神经网络的鼎盛时期，用来训练神经网络的数据量远不及现在多。如果训练时使用的数据过少，那么神经网络的训练会比较简单，对训练数据的识别准确率接近于 100%，但也会出现对测试数据的识别性能较差的情况。过拟合指的就是能够很好地拟合训练数据，却不能很好地拟合测试数据的现象。当处于过拟合状态时，神经网络就无法发挥其巨大的潜能。这些年，人们提出了很多方案去解决过拟合问题，其中一种就是 Dropout。所谓 Dropout，是指在网络的训练过程中，按照一定的概率将一部分中间层的单元暂时从网络中丢弃，通过把该单元的输出设置为 0 使其不工作，来避免过拟合。Dropout 可用于训练包含全连接层的神经网络。神经网络的训练过程就是对每个 Mini-Batch 使用误差反向传播算法不断迭代调整各参数的值，而 Dropout 就是在每次迭代调整时，随机选取一部分单元将其输出设置为 0（图 6.14）。计算误差时原本是使用所有单元的输出值，但是由于有部分单元被丢弃，所以从结果来看，Dropout 起到了与均一化方法类似的作用。但是，对被舍弃的单元进行误差反向传播计算时，仍要使用被舍弃之前的原始输出值。Dropout 的概率通常会设置为 50%，即单元输出值有 50% 的概率被设置为 0。但这个数值并非绝对，也可以不同层使用不同的舍弃概率，有事例显示这样也能提高性能[85, 86]。自 Dropout 被提出以来，人们已通过各种基准测试证明了其有效性，它已经成为深度学习中不可或缺的一种技术。

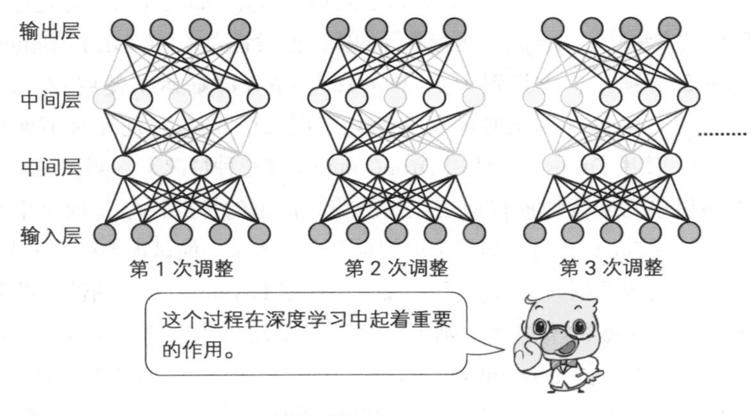

图 6.14 Dropout的训练

利用训练好的网络进行识别时，需要输入样本并进行正向传播，此时进行过 Dropout 处理的层，其输出值需要在原始输出的基础上乘以训练时使用的 Dropout 概率（图 6.15）。虽然训练时网络通过 Dropout 舍弃了一定概率的单元，但是在识别时仍要使用所有单元。所以，有输出值的单元个数会增加 Dropout 概率的倒数倍。由于单元之间通过权重系数相连接，所以这里还需要乘以 Dropout 的概率。像这样对网络进行参数约束后仍然能训练出合理的网络，这就达到了抑制过拟合的目的。

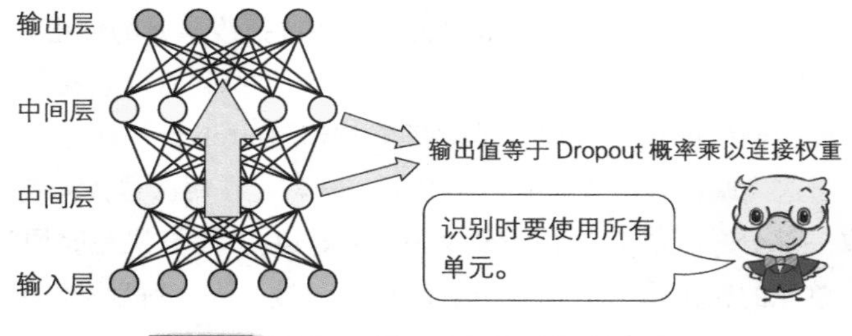

图6.15 利用经过Dropout训练的网络进行识别

6.5 DropConnect

和 Dropout 一样，DropConnect 也是通过舍弃一部分单元来防止过拟合问题的方法 [74]。Dropout 是把单元的输出值设置为 0，而 DropConnect 是把一部分连接权重设置为 0（图 6.16）。图 6.17 显示了使用 MNIST 数据集进行训练和测试时的误差变化情况。图 6.17(a) 是针对不使用 Dropout、使用 Dropout、使用 DropConnect 这三种情况下，测试误差随着中间层单元个数的推移而变化的趋势。这里的神经网络有两个中间层。不使用 Dropout 时，如果选取的单元个数太多，测试误差就会上升。这是由于训练数据过多导致了过拟合。使用 Dropout 时，测试误差先是随着单元个数的增加而急剧下降，而当单元个数达到 400 后，下降速度逐渐缓慢。使用 DropConnect 时，即使单元个数只有 200，测试误差也低于使用 Dropout 时的情况。并且这种情况下，单元个数增多时，测试误差也不会发生太大变化，单元个数较少时也能得到很好的识别性能。图 6.17(b) 显示了训练误差和测试误差随着训练次数的推移而变化的趋势。不使用 Dropout 时，训练误差在很早的阶段就开始下降，但是测试误差一直很大且没有显著变化。从这个结果也能看出这里发生了过拟合问题。使用 Dropout 时的训练误差要小于使用 DropConnect 时的，但是测试误差则比使用 DropConnect 时的要稍微高一些。使用 DropConnect 时，由于连接权重设置为 0，所以被舍弃单元的组合数远大于使用 Dropout 时的。因此，相比 Dropout，使用 DropConnect 时更不容易发生过拟合。

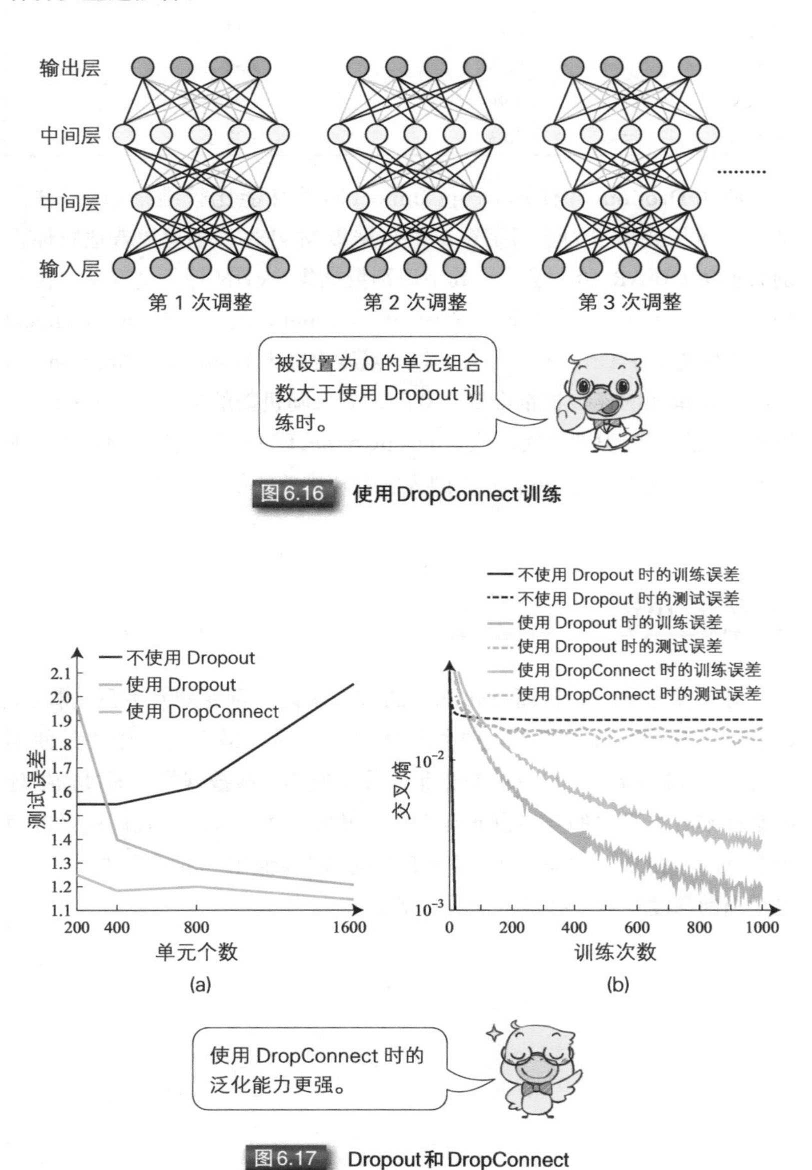

图 6.16 使用 DropConnect 训练

图 6.17 Dropout 和 DropConnect

表6.3 使用Dropout和使用DropConnect时的识别性能比较（测试误差）

数据集	Dropout	DropConnect
MNIST	0.27	**0.21**
CIFAR-10	9.83	**9.32**
SVHN	1.96	**1.94**
NORB	**3.03**	3.23

使用Dropout和使用DropConnect时的性能比较结果如表6.3所示。在所用数据集为手写字符识别数据集MNIST、小规模普适物体识别数据集CIFAR-10、建筑物数字识别数据集SVHN等的情况下，使用DropConnect时的识别性能要优于使用Dropout时的。虽然DropConnect的识别性能优于Dropout，但是其训练难度也高于Dropout。DropConnect是随机将单元的连接权重设置为0的，如果随机数的生成方法不同，就很难得到相同的识别性能，这是DropConnect的一个主要问题。所以现在人们更多使用的是Dropout，因为它对随机数的依赖性比较低。

6.6 小结

对于深度学习中提高泛化能力的方法来说，重要的并不只是算法，还有训练样本。收集海量的训练样本非常困难，最方便的做法是使用ImageNet和Places等公开的数据集。除了使用这些数据集，通过预处理抑制样本各类别内的变动也非常重要。另外在算法方面，我们还可以使用Dropout和DropConnect，这些都是能够有效防止过拟合问题的方法，也是当前深度学习中必不可少的技术。

第7章

深度学习工具

前几章介绍了深度学习的方法和技巧，但是从零开始实现这些方法是一件很困难的事情。所幸现在的深度学习环境趋于完善，并且有很多公开的深度学习工具。这些工具有助于我们通过深度学习解决身边的现实问题。本章将介绍主要的深度学习工具，以及这些工具的环境搭建方法和简单使用方法。

7.1 深度学习开发环境

深度学习受到广泛关注并且其性能得到飞跃式的提高，要归功于深度学习工具的公开可用。ImageNet 和 Places 等大规模数据集，以及各种免费的训练和测试环境降低了深度学习研究的准入门槛，越来越多的研究成果得以问世和发表。主要的深度学习开发环境如表 7.1 所示。从下一节开始，我们将详细介绍其中几种深度学习工具。

表 7.1 深度学习开发环境

工具名称	公开时间	使用的语言	开发者
Theano	2010	Python	蒙特利尔大学
Pylearn2	2013	Python	蒙特利尔大学
cuda convnet	2012	Python	多伦多大学
Caffe	2013	C++, Python	加州大学伯克利分校
Torch7	2011	Lua	纽约大学
Chainer	2015	Python	Preferred Networks（PFN）
TensorFlow	2015	C++, Python	Google

7.2 Theano

7.2.1 Theano

Theano 是一种数值计算工具，基于 Theano 的深度学习源码已经公开 [69]。7.3 节将要介绍的工具 Pylearn2 就利用了 Theano。首先我们来看看 Theano 具有的以下特点。

- 用数学表达式描述变量、矩阵和公式的计算过程
- 解析式计算梯度
- 能够进行快速计算
- 可以在 GPU 上运行

Theano 可以先定义数学表达式再进行运算，程序中无须描述计算

过程。这样做的优点是能使程序优化，并使 GPU 加速。此外，由于 Theano 直接描述数学表达式，所以执行的是解析式求导，而非数值求导。Theano 的处理都能在 GPU 上运行，还能使用 C 语言自动编译。接下来我们来介绍一下 Theano 的基本计算方法和数学表达式的求导。

7.2.2 Theano安装

安装 Theano 需要一个 Python 开发环境。下面就来介绍在 Linux（Ubuntu 14.04）下安装 Theano 的方法。首先安装所需要的依赖库，然后安装 Theano。

安装 Theano

```
sudo apt-get install python-numpy python-scipy python-dev
python-pip python-nose g++ libopenblas-dev git
sudo pip install Theano
```

Theano 安装完成。如果需要使用 Theano 的最新版本，可以通过 GitHub 安装。

通过 GitHub 安装 Theano

```
git clone git://github.com/Theano/Theano.git
cd Theano
sudo python setup.py develop
```

如果已经安装的 Theano 版本需要升级，可以按照以下说明进行升级。

通过 GitHub 安装（升级）Theano

```
sudo pip install --upgrade --no-deps theano
# 或
sudo pip install --upgrade theano
# 如果通过 GitHub 安装
cd Theano
git pull
```

如果希望在 CUDA 的 GPU 上运行 Theano，就还需要安装 GPU 驱动程序和 CUDA Toolkit（工具包）。在 Ubuntu 中，可以使用下面的命令直接安装，如果需要使用最新版本，请从 NVIDIA 网站直接下载安装。

安装 CUDA Toolkit

```
sudo apt-get install nvidia-current
sudo apt-get install nvidia-cuda-toolkit
```

在 GPU 上运行 Theano 时，首先需要在主目录创建一个 .theanorc 文件，文件内容如下所示。

.theanorc 文件的内容

```
[global]
floatX = float32
device = gpu

[nvcc]
fastmath = True
```

第 2 行表示 float 是 32 bit 的，第 3 行表示在 GPU 上运行。如果希望在 CPU 上运行，可以设置 device = cpu。至此，Theano 的安装以及在 GPU 上运行 Theano 的配置就完成了。

7.2.3 Theano的基本实现方法

Theano 中的变量（包括标量、向量、矩阵和张量）称为符号变量，我们可以通过 theano.tensor 模块中的函数创建符号变量。

创建符号变量

```
import theano.tensor as T
x = T.iscalar('x')
x = T.scalar('x', dtype = 'int32')
v = T.fvector('v')
m = T.dmatrix('m')
t = T.dtensor3('t')
```

创建符号变量时，可以将其声明为 int 型（i）、float 型（f）和 double 型（d）的标量（scalar）、向量（vector）、矩阵（matrix）和张量（tensor）。iscalar 表示 int 类型的标量。即便数据类型只使用 scalar 不加 i，只要在括号内加上 dtype = 'int32'，也能和 iscalar 一样，表示 int 类型的标量。括号内的字符串表示符号变量的名称，可以省略。虽然可以省略，但是当发生错误时，如能通过向用户显示的错误消息提示变量名称，将有助于用户快速定位问题。

接下来是定义数学表达式。

定义数学表达式

```
y = 2*x
z =x**2 + y**2
```

如上所示，我们使用已经创建的符号变量定义数学表达式。上式分别表示 $y = 2x$ 和 $z = x^2 + y^2$。

在执行数学表达式之前，需要先创建函数。

创建函数

```
from theano import function
f = function(inputs=[x],outputs=z)
```

调用 Theano 中的函数（function）即可完成数学表达式的编译。Theano 的符号变量中，第 1 个参数 inputs 表示输入，第 2 个参数 outputs

表示输出。其中，第 1 个参数的输入是 Python 列表，第 2 个参数的输出是用于计算的表达式，我们把 function 的输出记作 z。即 function 是通过两个已定义的数学表达式来计算 z 的。当 function 的输入为 3 时，z 的计算结果如下所示。

执行函数

```
out = f(3)
输出 :array (45)
```

输入的符号变量并非必须是标量，也可以是向量。输入向量时，需要设置 x = T.dvector('x')，用 numpy 数组为 x 赋值。

function 中有一个关键字是 givens。givens 用于把表达式中的符号变量替换为其他的符号变量或数值。

givens 的作用

```
c = T.dscalar()
z = x**2 + y**2
ff = theano.function(inputs =[c], outputs =z,
      givens=[(x, c*10),(y,5)])
ff(2)
输出 :array(425)
```

例如，原本要计算 $x^2 + y^2$，而 function 的第 1 个参数是符号变量 c。但是只使用一个 c 无法完成运算，这就需要先使用 givens 为 x 和 y 赋值，然后再进行运算。即首先计算 $x = c \times 10$ 和 $y = 5$，然后根据结果计算 z。

下面我们来看一下求导。求导可以使用 grad 函数。

求导的定义

```
gz = T.grad(cost=z, wrt=x)
f = function(inputs=[x], outputs=gz)
```

grad 函数中，参数 cost 是一个求导函数，参数 wrt 是求导的变量。这里，$z = x^2 + y^2$，我们要对 x 求导，得到 $f = 2x$。函数执行如下所示。

执行函数

```
a = 3
b = f(a)
输出 :array (6)
```

在学习 Theano 时，我们必须了解共享变量的概念。由于函数的输入和输出是 Python 的 numpy 数组，所以每次调用这些函数时，GPU 都需要将其复制到内存里。如果使用共享变量，GPU 就可以从共享变量中获取数据，无须每次都将数据复制到内存里。通过使用共享变量，使用误差反向传播算法等梯度下降法估计参数时，就无须每次调整时都将符号变量复制到内存中，因此运算速度能够得到提高。另外，如果将训练样本也作为共享变量，即可避免每次调整时都将训练样本复制到内存中。共享变量的创建可以使用 shared 函数。

创建共享变量

```
from theano import shared
m = shared(np.zeros((3, 3)),name='m')
n = shared(np.array([1.5, 2.5, 3.5]), name='n')
```

m 和 n 分别是矩阵和数组类型的符号变量，用 shared 关键字声明后，它们就是“共享变量”，只能在 Theano 的数学表达式内部被调用。如果希望查看共享变量的内容，需要像下面这样使用 get_value()。

查看共享变量的内容

```
m. get_value ()
n. get_value ()
```

而数学表达式能够直接调用共享变量。

调用共享变量

```
x = n*3
f = function(inputs=[], outputs=x)
f() array([4.5, 7.5, 10.5])
```

要想更新共享变量，需要把 function 的第 3 个参数设置为 updates。这个参数成为了 Python 的字典。使用该参数生成的函数被调用时，作为字典中的关键字，共享变量也会被替换。

更新共享变量

```
n = shared(np.array([1.5, 2.5, 3.5]), name='n')
f = function(inputs=[], outputs=[], updates={n:n*2})
n.get_value()
array([1.5, 2.5, 3.5])
f()
n.get_value()
输出 :array([3., 5.,7.])
f()
n.get_value()
输出 :array([6.,10.,14.])
```

我们来看一下使用 Theano 的梯度下降法。误差函数使用最小二乘误差函数 $E = \|x - t\|^2$，梯度下降法的实现如下所示。

使用 Theano 的梯度下降法

```
x = T.dvector ('x')
t = theano.shared (0.)
y = T.sum((x-t)**2)
gt = T.grad(y, t)
d2 = theano.function(inputs=[x], outputs=y, updates
     = {t:t-0.05*gt})
```

首先将想要计算的 t 初始化为 0，代码第 3 行是定义误差函数，第 4 行是求误差函数的导数，第 5 行是把 t 的更新公式赋值给 function 的第 3 个参数 updates。接下来，设输入样本为 $x = \{1, 2, 3, 4, 5\}$，进行迭代赋值。

执行梯度下降法

```
d2([1,2,3,4,5])
输出 :array(55.0)
t.get_value()
输出 :1.5
d2([1,2,3,4,5])
输出 :array(21.25)
t.get_value ()
输出 :2.25
d2([1,2,3,4,5])
输出 :array(12.8125)
t.get-value()
输出 :2.625
```

随着输出 y 逐渐减小，t 趋近于 3。使用 Theano 时，只需几行代码就能实现梯度下降法。

这里介绍的只是 Theano 的一些基础知识，若想了解更多基于 Theano 的深度学习教程，可以访问以下网址：http://deeplearning.net/tutorial/。教程中包括对以下内容的介绍以及 Theano 的代码示例。

- 逻辑回归
- 多层感知器
- 卷积神经网络
- 自编码器
- 降噪自编码器
- 栈式自编码器
- 受限玻尔兹曼机
- 深度信念网络

7.3 Pylearn2

7.3.1 Pylearn2

Pylearn2 和 Theano 都是由蒙特利尔大学 LISA 实验室开发出来的深度学习工具 [54]。LISA 实验室的本吉奥 ① 教授在机器学习和深度学习领域的重要贡献广为人知。Pylearn2 具备非常丰富的功能，利用了 Theano 的数值运算，有望通过并行计算加速运算过程，其主要功能如下所示。

- 自编码器
- 降噪自编码器
- 栈式自编码器
- 受限玻尔兹曼机
- 深度信念网络
- 多层感知器
- 卷积神经网络
- maxout 网络
- K-means
- 主成分分析
- 稀疏自编码器
- 支持向量机
- ZCA 白化

Pylearn2 不仅能够支持深度学习，还涵盖了主成分分析、稀疏自编码器和支持向量机等多个机器学习领域，并实现了我们在 6.2 节中介绍的 ZCA 白化和归一化的功能。此外，Pylearn2 脚本还能下载 MNIST 和 CIFAR-10 等数据集并将它们转换为可在 Pylearn2 上使用的形式。

7.3.2 安装Pylearn2

Pylearn2 的安装过程如下所示。

---

① 即 Yoshua Bengio，蒙特利尔大学教授，被誉为人工智能的先驱。——编者注

安装 Pylearn2

```
sudo apt-get install python-pip
sudo apt-get install python-numpy
sudo apt-get install python-scipy
sudo apt-get install python-setuptools
sudo apt-get install python-matplotlib
sudo apt-get install python-yaml
git clone git://github.com/lisa-lab/pylearn2.git
cd pylearn2
python setup.py build
sudo python setup.py install
```

在安装 Pylearn2 时，需要同时安装所需的依赖库。Theano 的安装过程如 7.2 节所示。如果希望检查安装是否正确，请执行以下代码，不提示错误消息就表示已正确安装。

检查 Pylearn2

```
python
import pylearn2
```

为方便起见，我们可以将 Pylearn2 中使用的数据集和执行程序的存储路径添加到环境变量中。以 Ubuntu Linux 系统为例，我们可以在主目录下的 .bashrc 文件中添加下面几行代码（下述内容只是代码示例，请结合实际使用环境修改路径）。

配置环境变量

```
export PYLEARN2_DATA_PATH=/data/lisa/data
export PATH=$PATH: /pylearn2/pylearn2/scripts
```

为了便于管理，数据集的存储路径可灵活设置，不必与本例相同。

7.3.3 Pylearn2的结构

如图 7.1 所示，Pylearn2 的主要目录是按照功能划分的。pylearn2/scripts/tutorials 目录中包含了 Pylearn2 各功能使用示例。训练的基本过程如图 7.2 所示，在 yaml 配置文件中定义网络以及和训练有关的设置，并将其赋值给 train.py 中的参数。本书将介绍如何编写 yaml，并对教程中的代码示例进行说明。

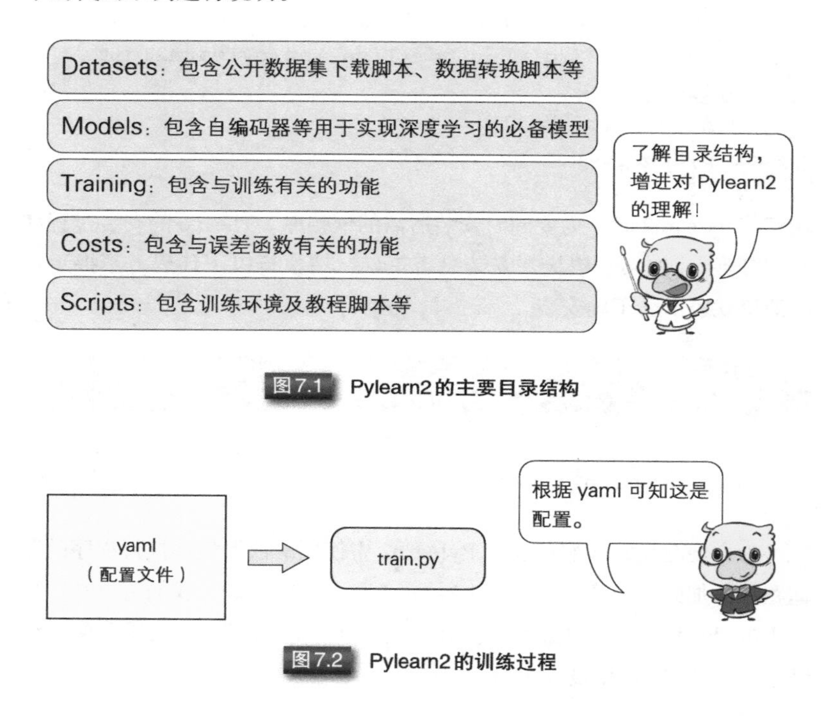

图 7.1 Pylearn2 的主要目录结构

图 7.2 Pylearn2 的训练过程

7.3.4 yaml的写法

yaml 是 YAML Ain't Markup Language（YAML 不是一种标记语言）的缩写，与 XML 相似，是一种数据序列化表达格式。与 XML 不同的是，在 yaml 里面，结构通过缩进来表示，可读性更好且易于编写。我们可以在 pylearn2/scripts/tutorials/grbm_smd/cifar_grbm_smd.yaml 下确认 yaml 的基本结构（图 7.3）。首先，第 4 行代码指定了训练数据集。这里用户指定了一个"cifar10_preprocessed_train.pkl"文件，该文件必须与 yaml 文件放在同一个目录下。第 6 行及之后的代码是以模型（model）的形式指定了网络结构，这里指定的是 GaussianBinaryRBM（高斯–二进制玻尔兹曼机），它的实体是位于 /pylearn2/models/rbm.py 下的 GaussianBinaryRBM 类。如果将 GaussianBinaryRBM 改为 RBM，训练网络就会变为受限玻尔兹曼机。

```
1   !obj:pylearn2.train.Train {
2
3      //训练数据集
4      dataset: !pkl: "cifar10_preprocessed_train.pkl",
5      //神经网络构成
6      model: !obj:pylearn2.models.rbm.GaussianBinaryRBM {
7         nvis : 192,              //输入层单元数
8         nhid : 400,              //中间层单元数
9         irange : 0.05,
10        energy_function_class : !obj:pylearn2.energy_functions.rbm_energy.grbm_type_1 {},
11        learn_sigma : True,
12        init_sigma : .4,
13        init_bias_hid : -2.,
14        mean_vis : False,
15        sigma_lr_scale : 1e-3
16     },
17     //训练方法
18     algorithm: !obj:pylearn2.training_algorithms.sgd.SGD {
19        learning_rate : 1e-1,          //学习率
20        batch_size : 5,                //批大小
21        monitoring_batches : 20,
22        monitoring_dataset : !pkl: "cifar10_preprocessed_train.pkl",
23        cost : !obj:pylearn2.costs.ebm_estimation.SMD {
24           corruptor : !obj:pylearn2.corruption.GaussianCorruptor {
25              stdev : 0.4
26           },
27        },
28        termination_criterion : !obj:pylearn2.termination_criteria.MonitorBased {
29           prop_decrease : 0.01,
30           N : 1,
31        },
32     },
33     extensions : [!obj:pylearn2.training_algorithms.sgd.MonitorBasedLRAdjuster {}],
34     save_freq : 1
35  }
```

必须掌握 yaml 的书写规范。

图7.3 yaml的基本结构

第 6 行及之后的代码是训练 GaussianBinaryRBM 所需的配置。第 7 行的输入层单元数（nvis）和第 8 行的中间层单元数（nhid）在除 GaussianBinaryRBM 以外的其他类中可以通用。第 9 行及之后的代码是初始化连接权重和偏置时使用的范围和标准偏差。

第 18 行及之后的代码是训练方法。它的实体是位于 /pylearn2/training_algorithms/sgd.py 下的 SGD 类，即这里使用随机梯度下降法（Stochastic Gradient Decent，SGD）进行网络训练。第 18 行及之后的代码是使用随机梯度下降法进行训练时所需的配置。第 19 行代码指定了学习率，第 20 行代码指定了批大小。第 21 行及之后的代码指定了测试数据的时机等。这个 yaml 文件中定义了输入层单元数为 192 个，中间层单元数为 400 个，以及使用随机梯度下降法训练 GaussianBinaryRBM 网络。

接下来，让我们看一下训练数据集 cifar10_preprocessed_train.pkl 的创建过程，如下所示。

准备训练数据集

```
移动到 pylearn2/scripts/datasets 下
./download_cifar10.sh
移动到 pylearn2/scripts/tutorials/grbm_smd 下
通过 python make_dataset.py 创建训练数据集
```

make_dataset.py 把 CIFAR-10 的图片分割成 8 × 8 切片，并对这些切片进行了归一化和 ZCA 白化预处理。由于图片为 8 × 8 的三通道彩色图片，所以模型中训练样本数应为 $8 \times 8 \times 3 = 192$。

7.3.5 使用Pylearn2进行训练

我们使用下面的 pylearn2/train.py 进行训练。

训练

```
移动到 pylearn2/scripts/tutorials/grbm_smd 下
执行 python train.py cifar_grbm_smd.yaml
```

当执行上述语句时，如果系统提示错误“train.py 不存在”，说明环境变量中没有 Pylearn2 的 scripts 目录路径。我们可以通过向环境变量中添加路径或执行下面的命令来解决这个问题。

训练

执行 `python../../train.py cifar_grbm_smd.yaml`

训练开始后，控制台界面上会显示如图 7.4 所示的训练情况。训练结束后，同一目录下会创建一个文件 cifar_grbm_smd.pkl，这个文件中保存了连接权重和偏置等训练结果。

```
Monitoring step:
        Epochs seen: 4
        Batches seen: 120000
        Examples seen: 600000
        bias_hid_max: -0.350522
        bias_hid_mean: -2.19325
        bias_hid_min: -3.18204
        bias_vis_max: 0.184288
        bias_vis_mean: -0.000845355
        bias_vis_min: -0.198329
        h_max: 0.384535
        h_mean: 0.0437127
        h_min: 0.00679263
        learning_rate: 0.1
        objective: 3.28154
        reconstruction_error: 28.5108
        total_seconds_last_epoch: 31.6837
        training_seconds_this_epoch: 27.8758
monitoring channel is objective
growing learning rate to 0.101000
Saving to cifar_grbm_smd.pkl...
Saving to cifar_grbm_smd.pkl done. Time elapsed: 0.030111 seconds
Saving to cifar_grbm_smd.pkl...
Saving to cifar_grbm_smd.pkl done. Time elapsed: 0.039841 seconds
```

图7.4 训练过程中的控制台界面

下面的语句可使训练结果可视化。可视化结果如图 7.5 所示。

训练结果可视化

```
show_weights.py --out cifar_grbm_smb.png cifar_grbm_
smd.pkl
```

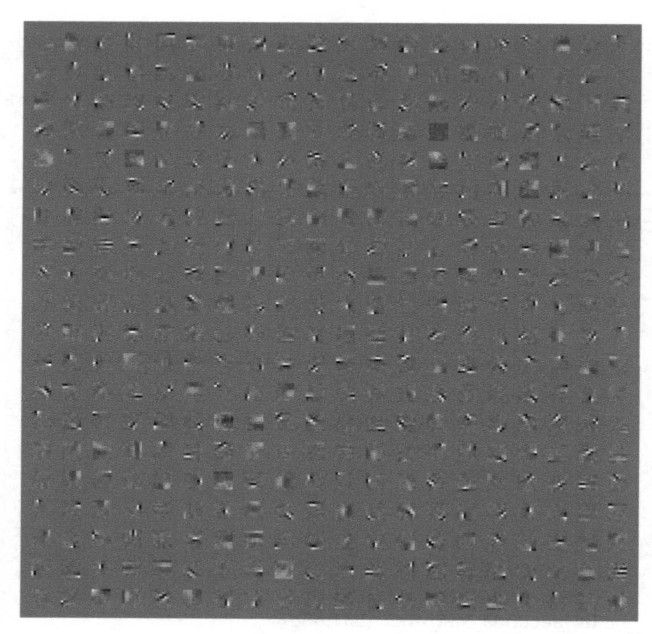

图7.5 训练结果可视化

可视化后的图像中，横轴和纵轴分别排列着 20 个 8 × 8 卷积核，共 20 × 20 ＝ 400 个。这是根据输入层各单元的连接权重生成的，结果等于输出层的单元个数。人们也在考虑使用神经网络进行物体识别时，把该 8 × 8 卷积核用作网络的初始值。

7.3.6 使用Pylearn2训练卷积神经网络

Pylearn2 的教程中虽然有对卷积神经网络的介绍，但只是在交互式计算工具 IPython Notebook 中有一个 Python 执行环境。这里，我们将使用教程中的 yaml 搭建训练环境并进行训练。首先来下载 MNIST 数据集。

下载 MNIST 数据集

```
移动到 pylearn2/scripts/datasets 下
执行 python download_mnist.py
```

我们在通过环境变量设置的 PYLEARN2_DATA_PATH 路径下创建 mnist 目录，将数据集下载到 mnist 目录。

接下来确认 yaml。在 pylearn2/scripts/tutorials/convolutional_network 路径下创建一个 conv.yaml 文件。yaml 的部分内容如图 7.6 所示。和图 7.3 一样，最初也是指定训练数据集，这里使用刚下载的 MNIST 数据集，和 MNIST 有关的类存储在 pylearn2/datasets/mnist.py 文件中。第 8 行之后的代码是网络配置。为了在输入前把图像转化为 28×28 的灰度图像，输入层把图像赋值给了 Conv2DSpace。第 15 行及之后的代码是卷积层和输出层的配置。卷积层使用 pylearn2/models/mlp.py 文件中的 ConvRectifiedLinear 类。这里分别使用 output_channels 和 kernel_shape 设置卷积核个数和大小，使用 pool_shape 设置池化窗口大小，使用 pool_stride 设置池化步长。输出层使用 pylearn2/models/mlp.py 文件中的 Softmax 类，并使用 n_classes 设置类的个数。

```
1 !obj:pylearn2.train.Train {
2    // 训练数据集
3    dataset: &train !obj:pylearn2.datasets.mnist.MNIST {
4      which_set: 'train',
5      start: 0,
6      stop: %(train_stop)i
7    }
8    // 网络结构
9    model: !obj:pylearn2.models.mlp.MLP {
10     batch_size: %(batch_size)i,
11     input_space: !obj:pylearn2.space.Conv2DSpace {
12        shape: [28, 28],
13        num_channels: 1
14     },
15   layers: [ !obj:pylearn2.models.mlp.ConvRectifiedLinear {  //卷积层的配置
16              layer_name: 'h2',
17              output_channels: %(output_channels_h2)i,
18              irange: .05,
19              kernel_shape: [5, 5],
20              pool_shape: [4, 4],
21              pool_stride: [2, 2],
22              max_kernel_norm: 1.9365
23          }, !obj:pylearn2.models.mlp.ConvRectifiedLinear {  // 全连接层的配置
24              layer_name: 'h3',
25              output_channels: %(output_channels_h3)i,
26              irange: .05,
27              kernel_shape: [5, 5],
28              pool_shape: [4, 4],
29              pool_stride: [2, 2],
30              max_kernel_norm: 1.9365
31          }, !obj:pylearn2.models.mlp.Softmax {             //输出层的配置
32              max_col_norm: 1.9365,
33              layer_name: 'y',
34              n_classes: 10,
35              istdev: .05
36          }
37          ],
38   },
```

和图 7.3 中的 yaml
稍有不同，仔细查
看不同之处哦！

图7.6 卷积神经网络中的yaml（一部分）

现在我们来看一下训练的执行程序，由于没有提前准备，所以需要创建如图 7.7 所示的 train_CNN.py 文件，并在 train_CNN.py 中设置训练、验证及测试数据的个数、批大小、各卷积层的卷积核个数、最大迭代次数，以及输出位置等参数。然后把这些参数赋值给 train，通过 train.main_loop() 开始训练。具体如下所示。

```
1    import theano
2    from pylearn2.config import yaml_parse
3    // 读取 yaml 文件
4    train = open('conv.yaml', 'r').read()
5    // 与训练有关的参数
6    train_params = {'train_stop': 50000,
7                    'valid_stop': 60000,
8                    'test_stop': 10000,
9                    'batch_size': 100,
10                   'output_channels_h2': 64,
11                   'output_channels_h3': 64,
12                   'max_epochs': 500,
13                   'save_path': '.'}
14   // 配置参数
15   train = train % (train_params)
16   // 配置网络结构
17   train = yaml_parse.load(train)
18   // 开始训练
19   train.main_loop()
```

图 7.7 train_CNN.py

训练

执行 `python train_CNN.py`

下面可视化显示训练后的卷积核。第 1 个卷积层的 64 个卷积核如图 7.8 所示，训练后的卷积核能够捕捉到图像的纵向边缘、横向边缘和斜向边缘的形状。

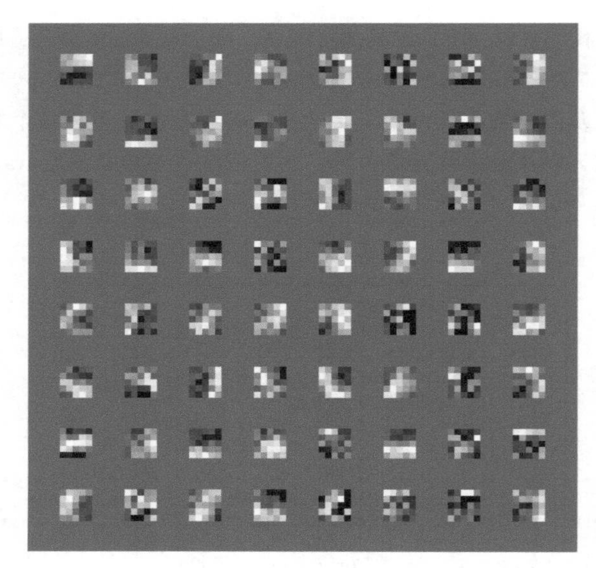

图7.8 第1个卷积层的卷积核

7.3.7 其他网络

pylearn2/scripts/tutorials 中还包括多层感知器和栈式自编码器等的代码示例。读者可以参照前面介绍的训练方法，创建训练程序并训练神经网络。pylearn2/scripts/maxout 目录下包含了使用 maxout 的神经网络。大家可以使用这里的 yaml 文件尝试对 maxout 网络进行训练。

7.4 Caffe

7.4.1 Caffe

Caffe 是由加州大学伯克利分校视觉与学习中心（Berkeley Vision

and Learning Center，BVLC）开发的一套深度学习工具[5]。它支持 Linux（特别是 Ubuntu）和 Mac OS X 操作系统。虽未经官方发布，但我们已确认它也能在 Windows 系统上运行。它还支持 CUDA，可以使用 C++ 和 Python 进行开发。

截止到 2016 年 1 月，Caffe 是图像识别领域应用最多的深度学习工具，主要原因如下所示。

- 与 Theano 和 Pylearn2 相比，使用 Caffe 进行训练和测试都更简单
- 利用 Caffe 训练的神经网络公开后任何人都能使用
- 在搭建 Caffe 环境及训练网络时，可以通过互联网获取大量参考信息

另外，使用 Caffe 进行训练时，在 GPU 上的运行速度也优于其他工具。

7.4.2 安装Caffe

在安装 Caffe 前，我们需要先安装以下库以及其他必要的依赖库。

- CUDA（在 GPU 上运行程序时需要）
- BLAS（ATLAS、MKL、OpenBLAS 之一也可以）
- Boost（1.55 以上版本）
- OpenCV（2.4 以上版本）

安装依赖库

```
sudo apt-get install libatlas-base-dev
sudo apt-get install python-opencv
sudo apt-get install libprotobuf-dev libleveldb-dev
libsnappy-dev libopencv-dev libhdf5-serial-dev
sudo apt-get install --no-install-recommends
libboost-all-dev
sudo apt-get install libgflags-dev libgoogle-glog-
dev liblmdb-dev protobuf-compiler
```

依赖库安装完成后开始安装 Caffe。最新版的 Caffe 可以从 GitHub 上下载。安装 Caffe 时需要创建 Makefile.config 配置文件。Caffe 文件夹中默认含有一个配置文件示例 Makefile.config.example，我们可以将

其复制下来，用作 Makefile.config，不过有时还需要根据使用环境修改 Makefile.config。当我们使用 NVIDIA 发布的、用于通过 GPU 加速深度学习运算的库 cuDNN 或其他类型的 BLAS 库时，就需要修改 Makefile.config 配置文件。最后，执行 make 命令确认编译和运行。

安装 Caffe

```
git clone https://github.com/BVLC/caffe.git
cd caffe
cp Makefile.config.example Makefile.config
make all
make test
make runtest
```

如果程序只在 CPU 上运行，我们需要撤销 Makefile.config 中的 CPU_ONLY 注释符。

如果要使用 Python 调用 Caffe 接口，则需安装 pyCaffe。

配置 pyCaffe

```
移动到 caffe 的路径下
make pycaffe
```

为了更方便地使用 Caffe 的命令，可以将 Caffe 的路径添加到环境变量中。

添加环境变量

```
export CAFFE_ROOT=~/caffe
export PYTHONPATH=~/caffe/python/:$PYTHONPATH
```

7.4.3 Caffe的结构

Caffe 是用 C++ 编写的深度学习框架，支持 CUDA，包含深度学习所需的卷积层和全连接层等功能。如图 7.9 所示，我们可以在 C++ 程序中直接调用 Caffe，也可以通过 Python 和 MATLAB 配置网络结构并进行训练和测试，这种方法更加简单。

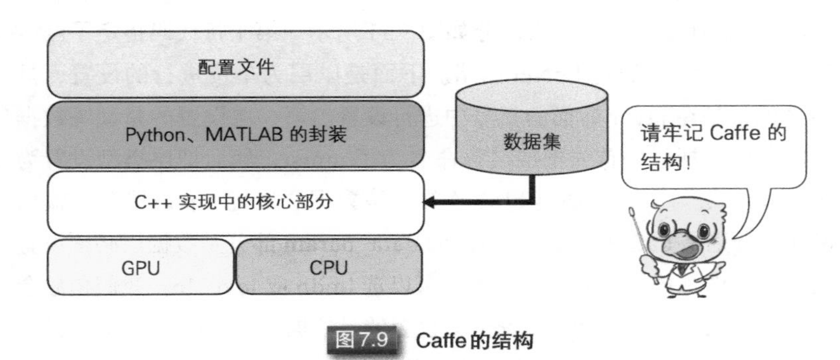

图7.9 Caffe的结构

Caffe 网络的基本结构如图 7.10 所示，这里通过创建层（layer）和 blob 来搭建网络框架，layer 和 blob 都是在 prototxt 配置文件中定义的。在 Caffe 上进行训练和测试时，需要有如下三个必要的配置文件。

- train_test.prototxt：设置网络结构和训练数据集
- solver.prototxt：设置训练参数
- deploy.prototxt：设置输入数据信息和网络结构

配置文件名不限于上述名称，可以是其他名称，只是本书中使用上述文件名进行说明。

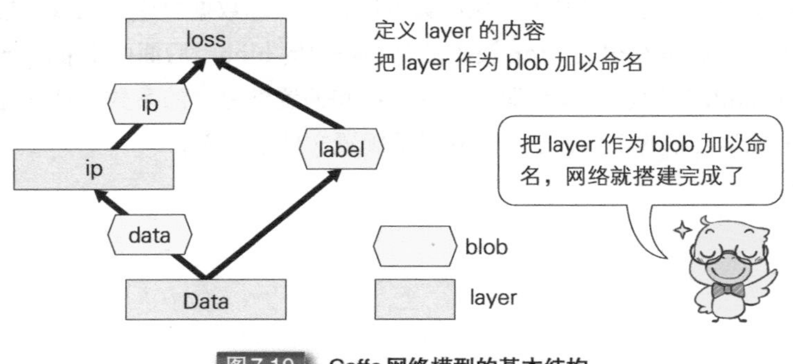

图7.10 Caffe网络模型的基本结构

7.4.4 train_test.prototxt的写法

我们使用卷积神经网络的配置文件示例来介绍用于训练网络的配置文件 prototxt 的写法。配置文件示例保存在 examples/mnist/lenet_train_text.prototxt 中，文件开头部分如图 7.11 所示。第 1 行代码指定了网络名称，这里指定的是 LeNet 网络。下面是以层为单位进行的设置，具体来说就是在 layer 后面的括号中进行设置。第一层设置的是训练数据集的参数。括号中首先把层名称命名为了 mnist，然后把层类型设置为了 Data，层与层之间通过 blob 连接。该数据层通过 top 设置两个输出 blob，分别是 data 和 label。后面的 data_param 部分是数据层必须设置的参数。训练数据集的数据库类型可以选 lmdb 或 leveldb，我们稍后会介绍如何创建 lmdb。此外，source 设置的是数据集名称①，backend 设置的是数据库类型（这里使用 LMDB 格式），batch_size 设置的是每次迭代处理的样本数目，而 scale 设置为了 1/256，即将输入数据的像素值由 0～255 归一化到 0～1。

接下来设置测试数据，和训练数据集一样，这里的设置也以层为单位，在每一层的括号内设置所需参数。这里把层名称设置为 mnist，把层类型设置为 Data，然后也创建两个 blob（分别是 data 和 label），后面的 data_param 部分是数据层必须设置的数据集名称等参数。

网络结构如图 7.12 所示。第一个卷积层命名为 conv1，层类型设置为 Convolution，这表示该层为卷积层。卷积层的 bottom 设置为 data，表示卷积层的输入是其上一层的数据层，即训练数据集或测试数据集的 blob 之后就是卷积层，top 设置的是卷积层的 blob。后面两个 param 中的 lr_mult 分别表示权重学习率的系数和偏置学习率的系数，这里定义的只是学习率的系数，学习率在其他配置文件中定义。

---

① 也可以认为这里的 source 设置的是数据库的所在目录名称。——译者注

```
//训练网络名称
name: "LeNet"
//输入层（训练数据集）
layer {
  name: "mnist"
  type: "Data"
  top: "data"
  top: "label"
  include {
    phase: TRAIN
  }
  transform_param {
    scale: 0.00390625
  }
  data_param {
    source: "examples/mnist/mnist_train_lmdb"
    batch_size: 64
    backend: LMDB
  }
}
//输入层（测试数据）
layer {
  name: "mnist"
  type: "Data"
  top: "data"
  top: "label"
  include {
    phase: TEST
  }
  transform_param {
    scale: 0.00390625
  }
  data_param {
    source: "examples/mnist/mnist_test_lmdb"
    batch_size: 100
    backend: LMDB
  }
}
```

牢记配置文件的写法，首先从数据开始！

图7.11 lenet_train_test.prototxt的内容（1）

```
//卷积层
layer {
  name: "conv1"
  type: "Convolution"
  bottom: "data"
  top: "conv1"
  param {
    lr_mult: 1
  }
  param {
    lr_mult: 2
  }
  convolution_param {
    num_output: 20
    kernel_size: 5
    stride: 1
    weight_filler {
      type: "xavier"
    }
    bias_filler {
      type: "constant"
    }
  }
}
//池化层
layer {
  name: "pool1"
  type: "Pooling"
  bottom: "conv1"
  top: "pool1"
  pooling_param {
    pool: MAX
    kernel_size: 2
    stride: 2
  }
}
```

这就是卷积层和池化层的写法啊。

图7.12 lenet_train_test.prototxt的内容（2）

后面的 convolution_param 中设置的是卷积层的参数。num_output 设置的是卷积核的个数，kernel_size 设置的是卷积核的大小，stride 设置的是卷积核的步长，weight_filter 和 bias_filter 设置的分别是权重和偏置的初始化方法。

我们在设置完卷积层之后设置池化层，把池化层命名为 pool1，层类型设置为 Pooling。池化层的 bottom 设置为 conv1，这表示池化层的输入是其上一层的卷积层。top 设置的是池化层的 blob。后面的 pooling_param 中设置的是池化层的参数，可知池化方法为 MAX。kernel_size 设置的池化核尺寸，以及 stride 设置的池化步长都为 2。

如图 7.13 所示，使用相同的方法设置卷积层 conv2 和池化层 pool2。

```
//卷积层
layer {
 name: "conv2"
 type: "Convolution"
 bottom: "pool1"
 top: "conv2"
 param {
  lr_mult: 1
 }
 param {
  lr_mult: 2
 }
 convolution_param {
  num_output: 20
  kernel_size: 5
  stride: 1
  weight_filler {
   type: "xavier"
  }
  bias_filler {
   type: "constant"
  }
 }
}
//池化层
layer {
 name: "pool2"
 type: "Pooling"
 bottom: "conv2"
 top: "pool2"
 pooling_param {
  pool: MAX
  kernel_size: 2
  stride: 2
 }
}
```

这就是第二个卷积层和池化层啊。

图7.13 lenet_train_test.prototxt的内容（3）

接下来设置全连接层。如图 7.14 所示，把全连接层命名为 ip1，层类型设置为 InnerProduct。全连接层的 bottom 设置为 pool2，这表示全连接层的输入是其上一层的池化层。然后设置全连接层权重学习率的系数和偏置学习率的系数，以及全连接层的相关参数。这里用 num_output 设置全连接层的单元个数，并在确定权重和偏置的初始化方法后，添加一个“激活函数”层，这里以 ReLU 为激活函数。激活函数的输入是其上一层的全连接层。

```
// 全连接层
layer {
  name: "ip1"
  type: "InnerProduct"
  bottom: "pool2"
  top: "ip1"
  param {
    lr_mult: 1
  }
  param {
    lr_mult: 2
  }
  inner_product_param {
    num_output: 500
    weight_filler {
      type: "xavier"
    }
    bias_filler {
      type: "constant"
    }
  }
}
// 激活函数
layer {
  name: "relu1"
  type: "ReLU"
  bottom: "ip1"
  top: "ip1"
}
```

原来全连接层和激活函数的写法是这样的啊。

图 7.14 lenet_train_test.prototxt 的内容（4）

接下来设置输出层。如图 7.15 所示，输出层的层类型与全连接层一样，都是 InnerProduct。在 inner_product_param 部分，用 num_output 将单元个数设置为 10。

```
// 输出层
layer {
  name: "ip2"
  type: "InnerProduct"
  bottom: "ip1"
  top: "ip2"
  param {
    lr_mult: 1
  }
  param {
    lr_mult: 2
  }
  inner_product_param {
    num_output: 10
    weight_filler {
      type: "xavier"
    }
    bias_filler {
      type: "constant"
    }
  }
}
// 测试
layer {
  name: "accuracy"
  type: "Accuracy"
  bottom: "ip2"
  bottom: "label"
  top: "accuracy"
  include {
    phase: TEST
  }
}
// 计算误差
layer {
  name: "loss"
  type: "SoftmaxWithLoss"
  bottom: "ip2"
  bottom: "label"
  top: "loss"
}
```

输出层和误差的计算方法非常重要哦！

图 7.15 lenet_train_test.prototxt 的内容（5）

最后分别创建测试阶段和训练阶段使用的层。测试阶段的层类型设置为 Accuracy，训练阶段的层类型设置为 SoftmaxWithLoss。这两层都有两个 bottom，输出层 ip2 和 label 相连接。

prototxt 和网络结构的关系如图 7.16 所示。prototxt 定义了网络中的每一层，以及层与层之间通过 blob 连接的结构。层类型是必须设置的参数，主要的层类型如表 7.2 所示。

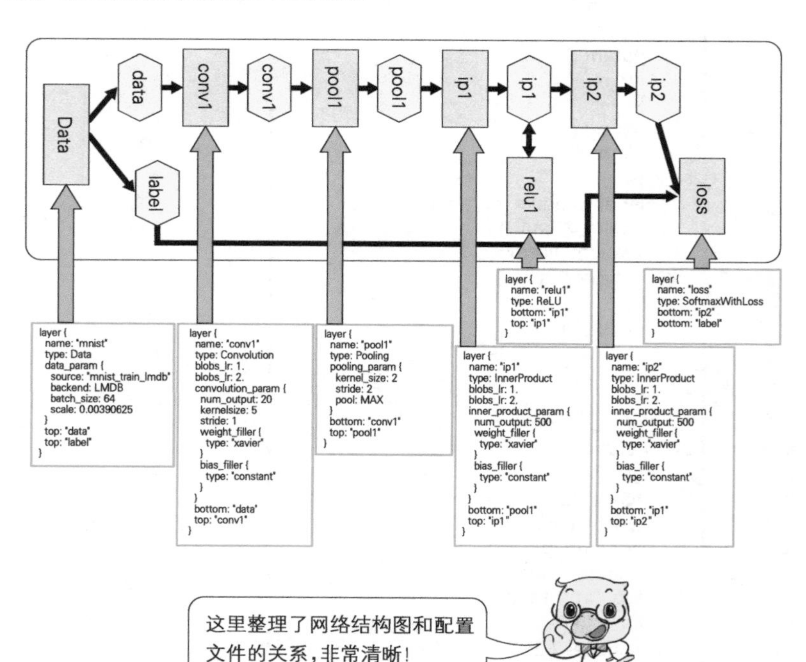

图7.16　prototxt和网络结构的关系

表7.2 主要的层类型

类型名称	作用
Data	训练数据集和测试数据集
Convolution	卷积层
Pooling	池化层
InnerProduct	全连接层
Dropout	训练时实施Dropout处理
LRN	基于局部响应归一化（Local Response Normalization，LRN）进行归一化处理
SoftmaxWithLoss	通过多项式回归计算误差
EuclideanLoss	通过欧氏距离计算误差
HingeLoss	计算铰链损失
ReLU	使用修正线性单元（ReLU）激活函数
Sigmoid	使用sigmoid激活函数
TanH	使用tanh激活函数
Softmax	通过softmax输出
Argmax	输出概率最大的类别
Accuracy	计算识别准确率

7.4.5 solver.prototxt的写法

solver.prototxt 是网络训练的配置文件，如图 7.17 所示。首先，net 设置的是 7.4.4 节创建的网络结构配置文件 train_test.prototxt。然后，solver_type 可以设置训练方法。训练方法包括随机梯度下降法、自适应梯度下降法（adaptive gradient）和加速梯度下降法（accelerated gradient），分别用 SGD、ADAGRAD 和 NESTEROV 表示。test_iter 用于设置测试迭代次数，test_interval 用于设置测试间隔，即每迭代 test_interval 次就进行一次测试。base_lr 用于设置基础学习率。某层中的权重和偏置的学习率等于基础学习率乘以 train_test.prototxt 配置文件中定义的该层的 lr_mult。这里还需设置迭代相关的 momentum 和 weight_decay。lr_policy 用于设置迭代过程中基础学习率是否减小等训练策略。如果需要让基础学习率保持不变，lr_policy 就要设置为 fixed；如果需要逐渐减小基础学习率，则 lr_policy 就需要根据所使用方法不同设置为

step 或 inv。display 和 max_iter 分别用于设置训练过程中的显示间隔和最大迭代次数。snapshot 用于设置训练过程中保存临时模型的时机[①]，而 snapshot_prefix 用于设置 snapshot 的前缀。最后，solver_mode 用于设置通过 GPU 训练还是通过 CPU 训练。

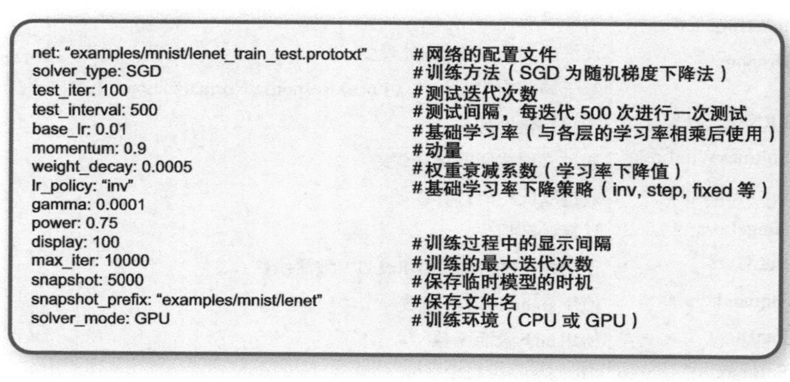

图 7.17 solver .prototxt

7.4.6 deploy.prototxt的写法

deploy.prototxt 是对预训练模型进行测试时使用的配置文件。如图 7.18 所示，deploy.prototxt 文件和 train_test.prototxt 文件很相似，两者不同之处在于 deploy 文件中没有与训练数据集相关的层，但是有测试数据的参数设置。另外，在 deploy 文件中，网络的最上层是输出层。input_dim 用于按顺序设置每次测试的图像张数、图像通道数、图像的高度和宽度等测试数据信息。deploy.prototxt 文件和 train_test.prototxt 文件定义的网络结构相同，只是 deploy 文件在最上层加入了层类型为 Softmax 的层，用于进行分类。

① 即每迭代多少次保存一次临时模型。——译者注

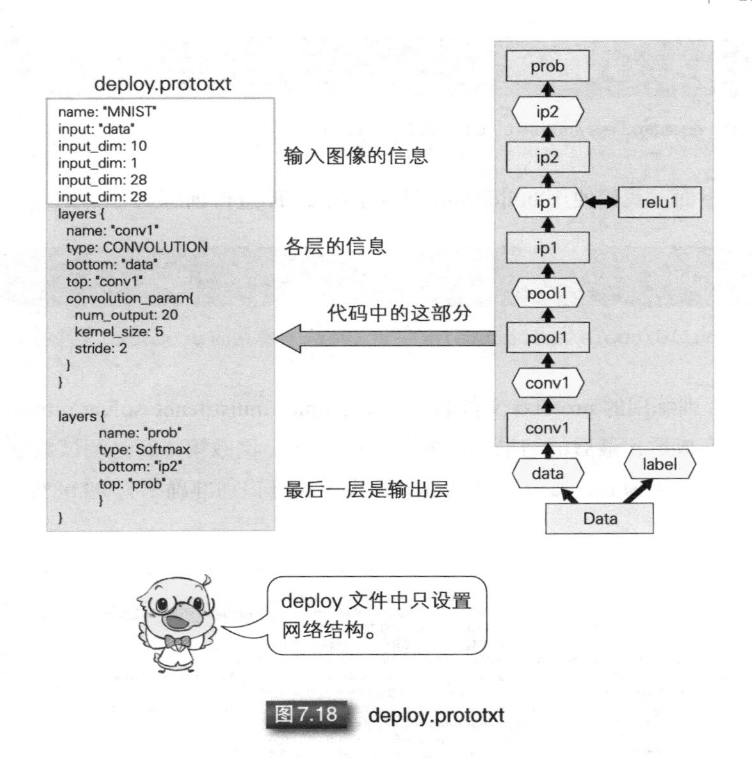

图7.18 deploy.prototxt

7.4.7 使用Caffe进行训练

下面使用本章 7.4.2 节～7.4.4 节介绍的三个配置文件训练网络。我们使用的是 caffe/examples/mnist 下的训练样本。首先运行 caffe 目录下的以下程序，下载 MNIST 数据集。

下载 MNIST 数据集

```
sh data/mnist/get_mnist.sh
```

要想使用 Caffe 训练 MNIST 数据集，我们需要把数据集转换为 lmdb 格式。

转换为 lmdb 格式

```
sh examples/mnist/create_mnist.sh
```

下面，我们使用 build/tools 目录下的 caffe 进行训练。

执行训练

```
./build/tools/caffe train --solver< 训练用的 prototxt 文件名 >
```

< 训练用的 prototxt 文件名 > 为 examples/mnist/lenet_solver.prototxt。训练完成后，最后的结果界面如图 7.19 所示。倒数第 4 行是测试数据的结果。结果为 accuracy = 0.9908，这表示最终识别准确率为 99.08%。

```
I0715 17:52:26.250377 10189 solver.cpp:214] Iteration 9400, loss = 0.0189273
I0715 17:52:26.250407 10189 solver.cpp:229]     Train net output #0: loss = 0.0189275 (* 1 = 0.0189275 loss)
I0715 17:52:26.250418 10189 solver.cpp:486] Iteration 9400, lr = 0.00608343
I0715 17:52:26.483877 10189 solver.cpp:294] Iteration 9500, Testing net (#0)
I0715 17:52:26.596783 10189 solver.cpp:343]     Test net output #0: accuracy = 0.9887
I0715 17:52:26.596807 10189 solver.cpp:343]     Test net output #1: loss = 0.0353259 (* 1 = 0.0353259 loss)
I0715 17:52:26.597749 10189 solver.cpp:214] Iteration 9500, loss = 0.00141025
I0715 17:52:26.597772 10189 solver.cpp:229]     Train net output #0: loss = 0.00141044 (* 1 = 0.00141044 loss)
I0715 17:52:26.597784 10189 solver.cpp:486] Iteration 9500, lr = 0.00606002
I0715 17:52:26.832587 10189 solver.cpp:214] Iteration 9600, loss = 0.00241697
I0715 17:52:26.832612 10189 solver.cpp:229]     Train net output #0: loss = 0.00241716 (* 1 = 0.00241716 loss)
I0715 17:52:26.832623 10189 solver.cpp:486] Iteration 9600, lr = 0.00603682
I0715 17:52:27.067610 10189 solver.cpp:214] Iteration 9700, loss = 0.00269694
I0715 17:52:27.067636 10189 solver.cpp:229]     Train net output #0: loss = 0.00269713 (* 1 = 0.00269713 loss)
I0715 17:52:27.067648 10189 solver.cpp:486] Iteration 9700, lr = 0.00601382
I0715 17:52:27.302578 10189 solver.cpp:214] Iteration 9800, loss = 0.0137341
I0715 17:52:27.302605 10189 solver.cpp:229]     Train net output #0: loss = 0.0137343 (* 1 = 0.0137343 loss)
I0715 17:52:27.302623 10189 solver.cpp:486] Iteration 9800, lr = 0.00599102
I0715 17:52:27.537317 10189 solver.cpp:214] Iteration 9900, loss = 0.00613822
I0715 17:52:27.537353 10189 solver.cpp:229]     Train net output #0: loss = 0.00613842 (* 1 = 0.00613842 loss)
I0715 17:52:27.537366 10189 solver.cpp:486] Iteration 9900, lr = 0.00596843
I0715 17:52:27.772490 10189 solver.cpp:361] Snapshotting to examples/mnist/lenet_iter_10000.caffemodel
I0715 17:52:27.776170 10189 solver.cpp:369] Snapshotting solver state to examples/mnist/lenet_iter_10000.solverstate
I0715 17:52:27.779222 10189 solver.cpp:276] Iteration 10000, loss = 0.00314393
I0715 17:52:27.779244 10189 solver.cpp:294] Iteration 10000, Testing net (#0)
I0715 17:52:27.895236 10189 solver.cpp:343]     Test net output #0: accuracy = 0.9908
I0715 17:52:27.895262 10189 solver.cpp:343]     Test net output #1: loss = 0.0289343 (* 1 = 0.0289343 loss)
I0715 17:52:27.895285 10189 solver.cpp:281] Optimization Done.
I0715 17:52:27.895293 10189 caffe.cpp:134] Optimization Done.
```

图7.19　使用Caffe进行训练

训练中断后，如果我们希望继续训练，执行以下代码即可。

恢复训练

```
./build/tools/caffe train --solver< 训练用的 prototxt
文件名 >--snapshot< 训练模型 >
```

< 训练模型 > 即 examples/mnist/lenet_iter_5000.solverstate 等训练时生成的临时模型，--snapshot 设置的是保存临时模型时的迭代次数。

7.4.8 使用Caffe进行测试

我们在训练模型的同时也会输出测试结果，如果无须训练模型，只是利用训练好的模型进行测试，可以执行以下代码。

执行测试

```
./build/tools/caffe test --model< 测试用的 prototxt 模
型 >--weights< 训练模型 >--iterations 100
```

在第 1 个参数中指定 test 后，即可进入测试模式。然后，--model 把 < 测试用的 prototxt 模型 > 设置为了 examples/mnist/lenet_train_test.prototxt，同时 --weight 把 < 训练模型 > 设置为了 examples/mnist/lenet_iter_10000.caffemodel。

希望测量模型的测试处理速度时，通过以下代码在第 1 个参数中指定 time，就可以测量 < 测试用的 prototxt 模型 > 中的预训练模型的处理速度，并且还能通过处理速度计算网络中各层的处理时间。希望通过 GPU 测定处理时间时，加上 -gpu 选项即可。

测量处理速度

```
caffe time --model< 测试用的 prototxt 模型 >--iterations 10
caffe time --model< 测试用的 prototxt 模型 >--iterations 10 -gpu 0
```

7.4.9 lmdb的创建方法

要想通过 Caffe 训练网络，我们需要把数据集转换为 lmdb 或 leveldb 格式。lmdb 的创建方法如图 7.20 所示，首先分别创建训练数据集和测试数据集的列表文件，并分别用 train.txt 和 test.txt 表示，列表文件中包括文件名称及其所属类别。

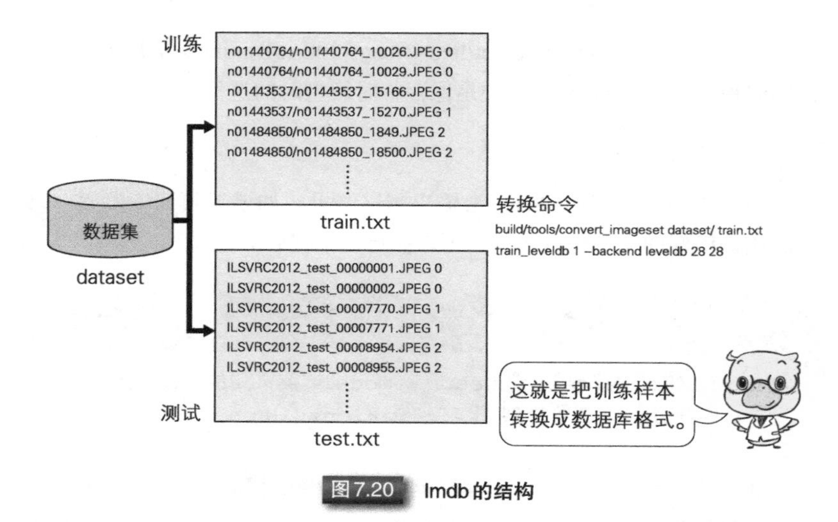

图 7.20 lmdb 的结构

然后调用 build/tools/convert_imageset，执行以下代码进行转换。

lmdb 的创建方法

```
build/tools/convert_imageset< 图像存储路径 >< 列表文件 >
< 转换后数据存储位置 ><shuffle 标签 >--backend< 转换方法 >
< 图像高度 >< 图像宽度 >
```

第 1 个参数用于设置训练样本的图像存储路径，第 2 个参数用于设置数据集的列表文件，第 3 个参数用于设置转换后数据集的存储位置，第 4 个参数用于设置是否随机打乱图像顺序，第 5 个参数用于设置转换方法（即数据存储格式），第 6 个和第 7 个参数分别用于设置样本图像的高度和宽度。其中第 4 个参数即 shuffle 标签为 0 时，样本图像按照列表文件中的顺序排列，标签为 1 时则打乱原有顺序随机排列样本图像。测试模型时，可以省略 shuffle 标签或将其设置为 0，即创建 lmdb 时不打乱列表文件中的排列顺序。第 5 个参数中的转换方法可以设置为 lmdb 或 leveldb 格式。在 prototxt 文件中设置这些参数后，就可以开始网络训练了。

7.4.10 预训练模型的应用

Caffe 的优势之一是可以使用别人创建好的网络模型。Caffe 的 Model Zoo 里面有很多网络模型。此外，Caffe 目录下也有用于下载网络模型的脚本文件。执行以下代码即可下载网络模型。

下载网络模型

```
./scripts/download_model_binary.py <dirname>
./scripts/download_model_from_gist.sh <gist_id>
```

参数 <dirname> 设置的是网络模型所在的目录。执行上面第 2 行命令后，即可从 gist 下载网络模型。参数 <gist_id> 是网络模型在公开网站上的 ID。

例如，执行以下代码即可下载 AlexNet 模型，AlexNet 模型是 ImageNet 大规模视觉识别挑战赛 ILSVRC 2012 的获胜者。

下载 AlexNet

```
./scripts/download_model_binary.py models/bvlc_alexnet
```

其他可以下载的网络模型如表 7.3 所示。

表7.3 主要的公开网络模型

网络名称	内容
CaffeNet	AlexNet的改进版
R-CNN	用于普适物体检测的网络
GoogLeNet	ILSVRC 2014的获胜者
Network in Network	在ICLR[1] 2014上提出的网络结构
VGG	图像识别领域常用的网络
Place-CNN	使用Places训练的网络

利用新的数据集重新开始训练一个预训练模型，即把预训练模型应用到新的数据集上，这称为微调。我们可以使用 Caffe 文件夹下事先存在的 Flickr Style 数据集微调网络模型。

这里先把 Flickr Style 数据集下载到 data/flickr_style 目录下，然后执行以下代码下载预训练模型，并创建 ImageNet 均值图像。

微调准备

```
python examples/finetune_flickr_style/assemble_
data.py --workers =-1 --images=2000 --seed 831486

./scripts/download_model-binary, py models/bvlc_
reference_caffenet
sh data/ilsvrc12/get_ilsvrc_aux.sh
```

接下来，在 Flickr Style 数据集上微调前面下载的预训练模型。预训练模型是对 ImageNet 数据集进行训练得到的，输出结果为 1000 个类别，而 Flickr 数据集的输出结果为 20 个类别。所以，我们根据微调数据集输出的类别数修改了 prototxt 文件中最后一层 FC8 的设置。

执行微调

```
./build/tools/caffe train --solver<训练用的prototxt>
--weights<Caffe模型>--gpu 0
```

① 即 International Conference on Learning Representations，国际学习表征会议。——编者注

<训练用的 prototxt> 设置为 models/finetune_flickr_style/solver.prototxt，<Caffe 模型 > 设置为前面下载的 models/bvlc_reference_caffenet/ 目录下的 bvlc_reference_caffenet.caffemodel。迭代 10 万次以后的输出结果如图 7.21 所示，对测试数据的识别准确率达到了 26.28%。这样就把预训练模型应用到了新的数据集上。

```
I0716 04:07:36.271049 25882 solver.cpp:486] Iteration 99740, lr = 1e-07
I0716 04:07:39.611821 25882 solver.cpp:214] Iteration 99760, loss = 0.111357
I0716 04:07:39.611942 25882 solver.cpp:486] Iteration 99760, lr = 1e-07
I0716 04:07:42.941575 25882 solver.cpp:214] Iteration 99780, loss = 0.401025
I0716 04:07:42.941623 25882 solver.cpp:486] Iteration 99780, lr = 1e-07
I0716 04:07:46.317356 25882 solver.cpp:214] Iteration 99800, loss = 0.16643
I0716 04:07:46.317404 25882 solver.cpp:486] Iteration 99800, lr = 1e-07
I0716 04:07:49.639427 25882 solver.cpp:214] Iteration 99820, loss = 0.254334
I0716 04:07:49.639477 25882 solver.cpp:486] Iteration 99820, lr = 1e-07
I0716 04:07:52.980139 25882 solver.cpp:214] Iteration 99840, loss = 0.340757
I0716 04:07:52.980190 25882 solver.cpp:486] Iteration 99840, lr = 1e-07
I0716 04:07:56.307139 25882 solver.cpp:214] Iteration 99860, loss = 0.129115
I0716 04:07:56.307188 25882 solver.cpp:486] Iteration 99860, lr = 1e-07
I0716 04:07:59.642726 25882 solver.cpp:214] Iteration 99880, loss = 0.238317
I0716 04:07:59.642776 25882 solver.cpp:486] Iteration 99880, lr = 1e-07
I0716 04:08:02.990267 25882 solver.cpp:214] Iteration 99900, loss = 0.384009
I0716 04:08:02.990316 25882 solver.cpp:486] Iteration 99900, lr = 1e-07
I0716 04:08:06.318928 25882 solver.cpp:214] Iteration 99920, loss = 0.193347
I0716 04:08:06.318977 25882 solver.cpp:486] Iteration 99920, lr = 1e-07
I0716 04:08:09.648639 25882 solver.cpp:214] Iteration 99940, loss = 0.463825
I0716 04:08:09.648780 25882 solver.cpp:486] Iteration 99940, lr = 1e-07
I0716 04:08:12.975281 25882 solver.cpp:214] Iteration 99960, loss = 0.204336
I0716 04:08:12.975330 25882 solver.cpp:486] Iteration 99960, lr = 1e-07
I0716 04:08:16.322536 25882 solver.cpp:214] Iteration 99980, loss = 0.159886
I0716 04:08:16.322585 25882 solver.cpp:486] Iteration 99980, lr = 1e-07
I0716 04:08:20.022539 25882 solver.cpp:361] Snapshotting to models/finetune_flickr_style/finetune_flickr_style_iter_100000.caffemodel
I0716 04:08:20.519811 25882 solver.cpp:369] Snapshotting solver state to models/finetune_flickr_style/finetune_flickr_style_iter_100000.solverstate
I0716 04:08:20.837788 25882 solver.cpp:276] Iteration 100000, loss = 0.188975
I0716 04:08:20.837832 25882 solver.cpp:294] Iteration 100000, Testing net (#0)
I0716 04:08:36.545218 25882 solver.cpp:343]     Test net output #0: accuracy = 0.2628
I0716 04:08:36.545264 25882 solver.cpp:281] Optimization Done.
I0716 04:08:36.545272 25882 caffe.cpp:134] Optimization Done.
```

图 7.21 微调的训练结果

7.5 训练系统——DIGITS

NVIDIA 发布的深度学习 GPU 训练系统 DIGITS 如图 7.22 所示，包括创建训练数据集、创建模型、监控模型训练情况以及模型测试等多项功能。得益于其直观清晰的用户界面，用户能够简单明了地解决如何训练、如何可视化等常见问题。目前 DIGITS 支持 7.4 节介绍的 Caffe，以及 Torch7 深度学习框架，非常适合即将开启学习深度学习之旅的初学者以及希望能够更便捷地创建应用的使用者。截至 2016 年 1 月，

DIGITS的最新版本为3.0[①]。接下来我们将要介绍其安装方法以及如何使用Caffe进行手写字符识别。

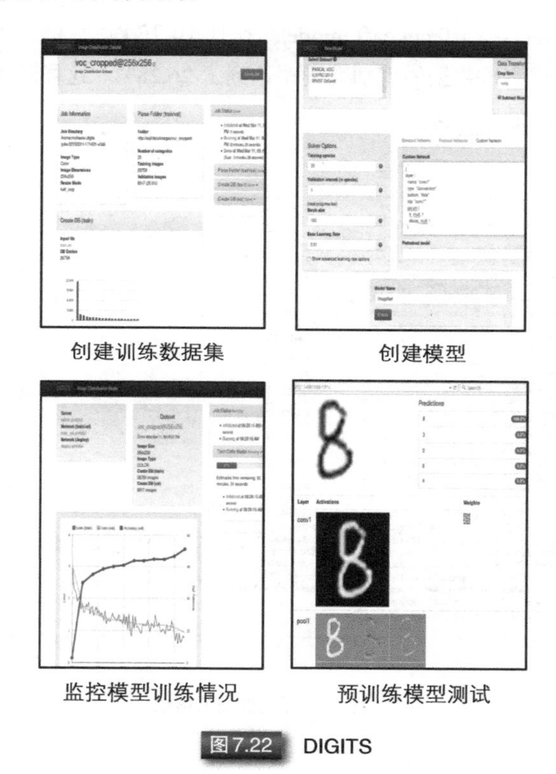

图7.22 DIGITS

7.5.1 安装DIGITS

DIGITS的安装有两种方法。一种是从DIGITS官网（https://developer.nvidia.com/digits）下载all-in-one-package安装包，一种是从NVIDIA GitHub（https://github.com/NVIDIA/DIGITS）下载DIGITS源码后自行编译。这里我们介绍第一种方法，即如何使用DIGITS all-in-one-package安装包安装DIGITS。DIGITS all-in-one-package安装包中包含以下文件。

① 目前NVIDIA已发布更新版本，请参考https://developer.nvidia.com/digits。——译者注

- DIGITS 主体
- 已编译好的 Caffe（支持多 GPU）
- CUDA 库
- DIGITS 安装程序

all-in-one package 中包含已编译好的 Caffe（支持 GPU）及其全套驱动程序库，下载后可以直接使用，无须再进行编译，是为 Ubuntu 14.04 准备的安装包。安装 DIGITS 的前提是已经安装了 GPU 驱动和 CUDA 库，GPU 驱动需要是 346 版本，CUDA 库需要是 7.0 版本。如果希望在 Ubuntu 14.04 以外的操作系统上使用 DIGITS，必须从 GitHub 下载源码进行编译后才能使用。用户可以去 DIGITS 官网下载 DIGITS，把 digits-3.0.0.tar.gz 解压缩后即可得到如图 7.23 所示的目录结构。

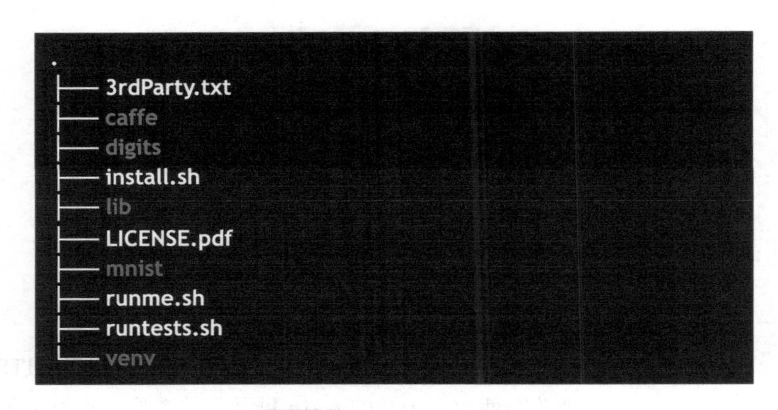

图 7.23 DIGITS 的目录结构

执行目录中的 install.sh 文件开始安装 DIGITS。运行这个 Shell 脚本后，系统会自动安装 Caffe 和 DIGITS 中的各种依赖库。

7.5.2 启动DIGITS

DIGITS 安装完成后，运行 runme.sh 文件即可启动 DIGITS 服务器。DIGITS 服务器启动完成后，控制台上会显示 *Running on http://0.0.0.0:5000/。我们可以通过浏览器操作 DIGITS。打开浏览器，在地址栏输入 http://localhost:5000/，计算机上会显示如图 7.24 所示的

DIGITS 主界面，通过这个主界面，我们可以创建数据集、进行模型的训练和测试。

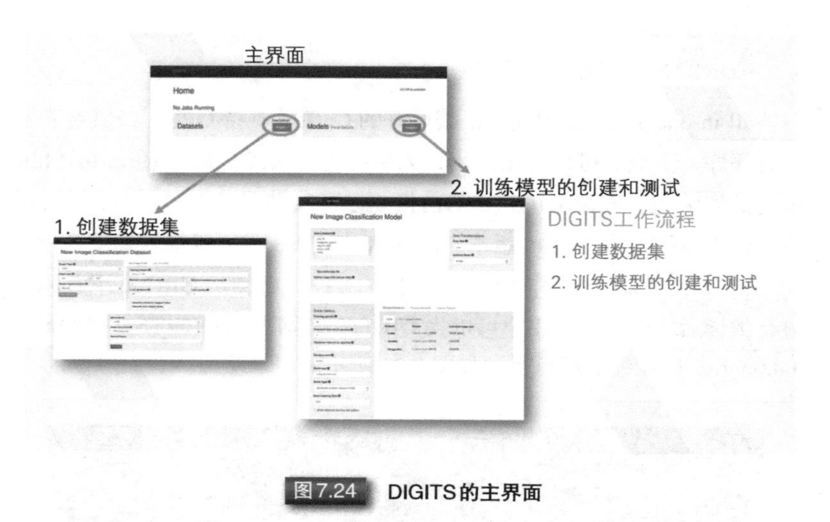

图7.24 DIGITS的主界面

7.5.3 使用DIGITS进行训练——手写字符识别

下面通过 DIGITS 的主界面进行以下两项操作。

- 创建训练数据集
- 创建训练模型并进行测试

首先创建训练数据集。DIGITS 中的 MNIST 数据集存储在 DIGITS 的 mnist 目录下。训练时使用 mnist 的 train 目录下的图像。通过主界画即可创建数据集。如图 7.24 所示，点击主界面左侧的 Datasets 模块中 New Dataset 下的 Images 按钮，选择 Classification，创建一个数据集。

接下来修改数据集创建界面中的四个参数，然后点击 Create 按钮开始创建数据集（图 7.25）。

1. Image type设置为Grayscale

Image type

Grayscale

2. Image size设置为28 × 28像素

Image size

28 x 28

3. Training Images设置为$ DIGITS_ROOT/mnist/train

4. Dataset Name设置为mnist_data

Dataset Name

mnist_data

图7.25 创建数据集时需要修改的参数

接下来创建模型。点击左上方的 DIGITS 图标返回 DIGITS 主界面。如图 7.24 所示，点击主界面右侧 Models 模块中 New Model 下的 Images 按钮，选择 Classification，打开模型创建界面，修改其中的两个参数，然后点击 Create 按钮开始创建模型（图 7.26）。

1. 在Select Dataset处选择mnist_data（即前面创建的数据集）

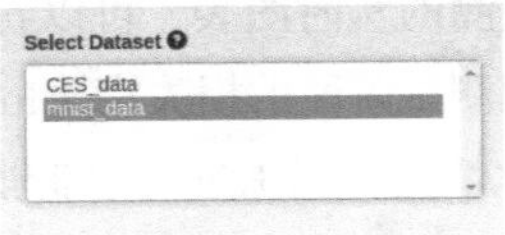

Select Dataset

CES_data

mnist_data

2. 在Model Name处输入mnist _lenet

图7.26 创建模型时需要修改的参数

训练过程的界面如图 7.27 所示，只需几分钟即可完成对 MNIST 数据集的训练。

图 7.27　训练过程的界面

界面下方是一些有关训练情况监测的实时图表，可以看到训练过程中的准确率（accuracy）、训练阶段和测试阶段的损失率（loss），甚至还能看到学习率（learning rate）的变化情况，训练过程中能够同时确认学习率和训练结果，非常方便。

下面我们使用前面的预训练模型进行手写字符识别测试。如图 7.28 所示，在训练过程的界面上有两种加载测试图像的方式，即输入 Image URL（使用网络图像进行测试）或点击 Upload image（使用本地图像进行测试）。这里我们通过 Upload image 加载本地测试图像后进行测试。MNIST 的测试图像存储在 mnist/test 中，下面我们从中选取一张图像拖曳到 Upload image 文本框，勾选 Show visualizations and statistics 复选框，点击 Classify One Image 按钮开始测试模型。

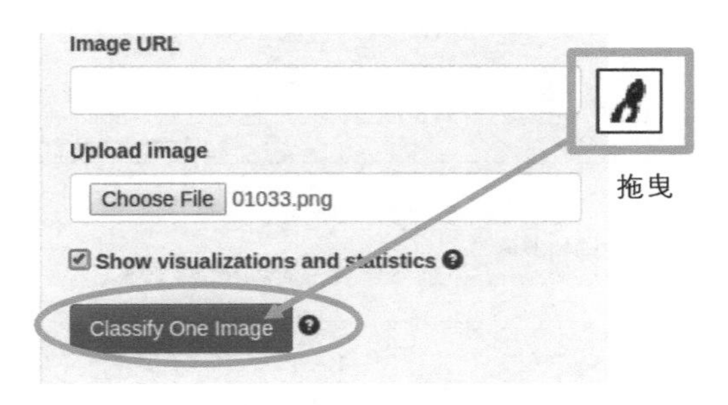

图7.28 测试图像设置界面

几秒钟后即可显示如图 7.29 所示的测试结果界面。训练完成后可以下载预训练模型。在保存模型后，我们可以共享模型，或者在其他机器和 DIGITS 服务器上进行测试。如图 7.30 所示，在训练过程界面底端点击 Download 按钮后，即可下载预训练模型。

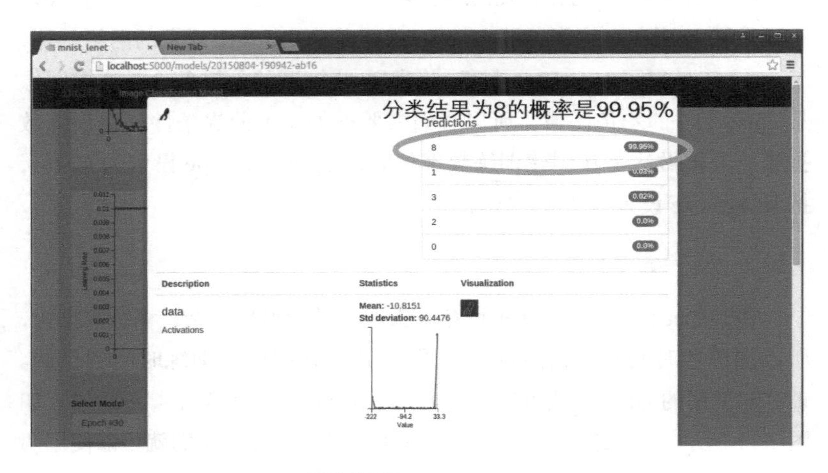

图7.29 测试结果界面

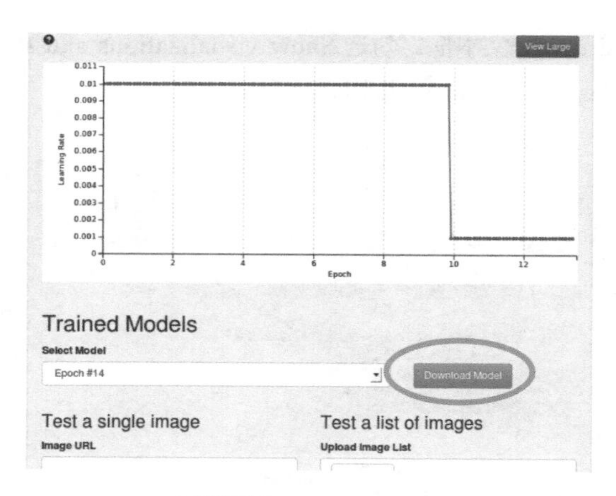

图7.30 下载预训练模型

7.5.4 可使用DIGITS训练的模型

除了手写字符识别所使用的 LeNet 模型，DIGITS 中还包括 AlexNet、GoogLeNet 等模型。AlexNet 是由多伦多大学开发的网络结构，于 2012 年赢得了 ILSVRC 大赛。而 GoogLeNet 是由 Google 开发的网络结构，于 2014 年赢得了 ILSVRC 大赛。使用这些模型的前提条件是样本图像是 256 × 256 的彩色图像，所以我们需要根据这个前提条件创建训练数据集。具体做法是在创建训练数据集时，把 Image type 设置为 Color，把 Image size 设置为 256 × 256。

7.5.5 支持多GPU

和 LeNet 相比，AlexNet 和 GoogLeNet 的模型更复杂，训练数据大，所以训练耗时较长。我们可以使用多 GPU 达到减少训练时间的目的。训练时使用的 GPU 个数可通过 Use this many GPUs 设置，默认为 1。如图 7.31 所示，如果把 Use this many GPUs 设置为 2，我们就可以使用两个 GPU 进行训练。

指定训练时使用的GPU个数

Use this many GPUs (next available)

2

or

Select which GPU[s] you would like to use

#0 - GeForce GTX TITAN X (12 GB memory)
#1 - GeForce GTX 980 Ti (6 GB memory)

Model Name

CES_Alexnet

Create

图7.31 设置多个GPU

7.6 Chainer

7.6.1 Chainer

Chainer 是日本 Preferred Networks 公司开发的免费深度学习工具 [6]，它具有以下优势。

- 能够用 Python 编写脚本
- 支持多种神经网络结构
- 网络结构直观、简明易懂
- 支持 GPU，可以使用多个 GPU 进行训练

Chainer 的起步晚于 Theano、Pylearn2 和 Caffe，但也恰好是这个原因，它很好地解决了这些工具中存在的问题，更加易于使用。Chainer 中还包含了自然语言处理的使用环境和示例程序，这里我们以图像识别为例介绍 Chainer 的使用方法。截至 2016 年 2 月，它的最新版本为 1.6.1，Chainer 计划每两周更新一个版本，所以其规格也可能发生变更。接下来我们使用当前的最新版本来介绍 Chainer 的安装和使用方法。

7.6.2 安装Chainer

Chainer 的安装过程非常简单。必不可少的依赖库如下所示。

- Python（2.7 以上版本）
- numpy
- hdf5
- setuptool
- cython

执行以下代码安装依赖库。

安装依赖库

```
sudo apt-get install python2.7
sudo apt-get install python-numpy
sudo apt-get install libhdf5-dev
sudo pip install -U setuptools
sudo pip install -U cython
```

如果还未安装 pip，请执行以下代码安装。

安装 pip

```
sudo apt-get install python-pip
```

如果系统中已经安装了 setuptool 和 cython，使用 pip 安装这些依赖库时需要使用 -U 选项。

如果想在 GPU 上运行 Chainer，必须安装 CuPy 库。安装 Chainer 时，系统会默认同时安装 CuPy 库。使用以下库，即可实现通过 GPU 加速，以及使用 Caffe 上训练好的模型。

- cuDNN v4
- protocol buffers

使用 GPU 之前需要先安装 CUDA Toolkit（6.5 以上版本），安装完成后还需要设置 CUDA 的环境变量。

设置 CUDA 环境变量

```
export CUDA_ROOT=/usr/local/cuda
export PATH=$PATH:/usr/local/cuda/bin
export LD_LIBRARY_PATH=$LD_LIBRARY_PATH:
    /usr/local/cuda/lib64:/usr/local/cuda/lib
export CPATH=$CPATH:/usr/local/cuda/include
export CUDA_INC_DIR=/usr/local/cuda/bin:$CUDA_INC_DIR
```

上述是在 GPU 上使用 Chainer 时必须设置的参数。下面我们执行以下代码安装 protocol buffer。

安装 protocol buffer

```
sudo pip install protobuf
```

NVIDA 提供的 cuDNN 是一个便于在 GPU 上快速执行卷积计算等深度学习处理的库。用户登录 NVIDA 官网即可下载 cuDNN。

Chainer 主体的安装如下所示。

安装 Chainer

```
sudo pip install chainer
```

从下一小节开始，我们使用 Chainer 的示例代码介绍 Chainer 的使用方法。这里需要先下载示例代码。在本书中，我们把 Chainer 的示例代码等环境存储到主目录下。

示例代码

```
sudo git clone https://github.com/pfnet/chainer.git
```

至此，Chainer 的安装和环境准备完成。

7.6.3 Chainer的结构

Chainer 的库存储在 /usr/local/lib/python2.7/dist-packages/chainer 目录下。它的核心理念是 Define by Run（通过运行定义）。Caffe 是预先在 prototxt 文件中定义网络结构再进行训练，训练过程中不能改变网络结构，这称为 Define and Run。而 Chainer 基于 Define by Run，是在 Python 程序中动态定义网络结构，所以在训练过程中可以改变网络结构。Chainer 的核心类如下所示。

- Variable
- Function
- Link
- Chain
- Optimizer

Variable 会存储变量值的变化，相当于网络中的单元。Function 是进行神经网络运算的函数，相当于激活函数 ReLU 和池化层。Link 函数中包含网络参数，相当于卷积层等。Link 的集合称为 Chain。Optimizer 是神经网络的训练方法。

7.6.4 使用Chainer进行训练——多层感知器

首先使用 Chainer 的示例代码进行训练。chainer/examples/mnist 目录下有运用多层感知器训练 MNIST 数据集的训练环境。

执行以下命令即可开始训练。

使用 Chainer 进行训练

```
python train_mnist.py
```

在 GPU 上进行训练的命令如下所示。

使用 Chainer 进行训练（GPU）

```
python train_mnist.py --gpu=0
```

--gpu 后面的数字表示 GPU 的 ID。当电脑中有多个 GPU 时，可以指定与每个 GPU 对应的 ID。在 CPU 上训练时需要几分钟，而在 GPU 上训练时只需 1 分钟左右即可完成。训练过程如图 7.32 所示。训练到第 20 个 epoch 时，训练数据的识别准确率为 98.59%，测试数据的识别准确率为 98.45%。但是需要注意的是，因为每次训练时的网络初始值都是随机的，所以每次训练的结果也不尽相同。

```
epoch 12
train mean loss=0.0549078253061, accuracy=0.983499968449
test  mean loss=0.0668631617266, accuracy=0.982899975777
epoch 13
train mean loss=0.050271414819, accuracy=0.984833301604
test  mean loss=0.0658668874824, accuracy=0.981599975824
epoch 14
train mean loss=0.049896335328, accuracy=0.98481663386
test  mean loss=0.0606348290267, accuracy=0.983799975514
epoch 15
train mean loss=0.0497776713274, accuracy=0.984616633058
test  mean loss=0.0652512162888, accuracy=0.982499979138
epoch 16
train mean loss=0.0485479093487, accuracy=0.985149968167
test  mean loss=0.0583059175229, accuracy=0.984599975944
epoch 17
train mean loss=0.0445695207565, accuracy=0.985949968596
test  mean loss=0.0599417414064, accuracy=0.984999978542
epoch 18
train mean loss=0.0464207004978, accuracy=0.985849967897
test  mean loss=0.0631633241083, accuracy=0.984199975729
epoch 19
train mean loss=0.0436423082071, accuracy=0.987149970829
test  mean loss=0.0618225535735, accuracy=0.98369997859
epoch 20
train mean loss=0.047722140388, accuracy=0.98598330309
test  mean loss=0.0658208100312, accuracy=0.984599974751
```

大家可以看一下训练过程中错误率的变化情况。

图 7.32 控制台界面上显示的 MNIST 数据集的训练过程

chainer/examples/mnist 目录下有三个文件：data.py、net.py 以及 train_mnist.py。data.py 文件用来下载 MNIST 数据集，并将数据集保存为 mnist.pkl 以便 Chainer 能够读取。net.py 文件用来设置网络结构（图 7.33）。net.py 文件中定义了 MnistMLP 和 MnistMLPParallel 两个类，图 7.33 只以 MnistMLP 类为例进行了说明。为了创建网络结构，我们需要导入 Chainer 的 Functions 和 Links。在初始化 MnistMLP 类时，我们定义了三个全连接层。输入层、中间层以及输出层的单元个数分别通过 n_in、n_units 以及 n_out 传递给初始化函数做参数。全连接层使用的是 Link 中的 Linear 类，参数中传入的是全连接层的输入单元数以及输出单元数。这里，在调用 MnistMLP 类的时候设置网络结构。与各层对应的 h1 和 h2 作为全连接层 l1 或 l2，采用 ReLU 作为激活函数。MnistMLP 类的返回值是输出层 l3 的值。另外，表 7.4 中也列举了一些在层和激活函数中可以使用的类。

```
import chainer
import chainer.functions as F
import chainer.links as L


class MnistMLP(chainer.Chain):
  def __init__(self, n_in, n_units, n_out):
      super(MnistMLP, self).__init__(
        l1=L.Linear(n_in, n_units),
        l2=L.Linear(n_units, n_units),
        l3=L.Linear(n_units, n_out),
      )

  def __call__(self, x):
    h1 = F.relu(self.l1(x))
    h2 = F.relu(self.l2(h1))
    return self.l3(h2)
```

图 7.33 net.py 中 MnistMLP 类的设置

表 7.4 可在Chainer中使用的主要的层和激活函数

Convolution2D	卷积层
Linear	全连接层
dropout	Dropout
relu	激活函数 ReLU
leaky_relu	激活函数 ReLU改进版
PReLU	激活函数 ReLU改进版
sigmoid	激活函数 sigmoid函数
tanh	激活函数 tanh 函数
lstm	激活函数
softmax	softmax 函数
average_pooling_2d	平均池化
max_pooling_2d	最大池化
BatchNormalization	Mini-Batch 的归一化
local_response_normalization	局部响应归一化
mean_squared_error	误差函数 均方误差
sigmoid_cross_entropy	sigmoid交叉熵代价函数
softmax_cross_entropy	softmax 交叉熵代价函数
accuracy	测试类

接下来我们看一下 train_mnist.py 文件中的代码，其中的代码可读取 net.py 文件并开始训练。图 7.34 是用于进行训练设置的代码。我们用 batchsize 设置 Mini-Batch 的大小，用 n_epoch 设置 epoch 数，用 n_units 设置单元个数。调用 data.py 文件中的 load_mnist_data() 函数即可读取 MNIST 数据集。然后把 mnist 数据（mnist['data']）转换为 numpy 格式后除以 255，这是将输入数据的像素值由 0～255 归一化到 0～1。接下来把期望输出转换为 numpy 格式后存储到 mnist['target'] 中。

在网络结构设置部分，我们调用 net.py 的 MnistMLP 类，并将其传递给 Link 中的 Classifier 类。MNIST 的输入数据尺寸是 28 × 28 ＝ 784，所以输入层的单元个数设为 784，中间层的单元个数设为 1000，输出层的单元个数设为 10。Classifier 类得到训练数据和期望输出后，能够在内部计算准确率和误差。这里通过交叉熵代价函数计算误差。程序把这一部分定义为了 model。如果在 GPU 上执行这段程序，其后的 if 语句会把 model 转发到 GPU，并使用 CuPy 使得 Chainer 能够在 GPU 上运行，否则 if 语句就会切换 xp 的内容，以便使用 numpy。

```
batchsize = 100
n_epoch = 20
n_units = 1000

# 数据集的准备
print('load MNIST dataset')
mnist = data.load_mnist_data()
mnist['data'] = mnist['data'].astype(np.float32)
mnist['data'] /= 255
mnist['target'] = mnist['target'].astype(np.int32)

N = 60000
x_train, x_test = np.split(mnist['data'],   [N])
y_train, y_test = np.split(mnist['target'], [N])
N_test = y_test.size

# 网络结构的设置
model = L.Classifier(net.MnistMLP(784, n_units, 10))
if args.gpu >= 0:
   cuda.get_device(args.gpu).use()
   model.to_gpu()
xp = np if args.gpu < 0 else cuda.cupy

# 训练参数的设置
optimizer = optimizers.Adam()
optimizer.setup(model)
```

这就是定义网络中各层的种类，建立层与层之间的连接。

图 7.34 train_mnist.py 中的一部分（1）

在训练参数设置部分，我们通过 optimizer 定义训练方法。除了常用的随机梯度下降法，Chainer 还支持如表 7.5 所示的最新训练方法。示例代码中使用的是 Adam 方法。下面，我们把要训练的整个网络结构 model 传递给 optimizer 的 setup 函数做参数。至此，训练用的网络就设置完成了。

表7.5 可在Chainer中使用的训练方法

名称	方法
SGD	常用的随机梯度下降法
MomentumSGD	动量随机梯度下降法
RMSprop	均方根反向传播算法
AdaGrad	自适应调整学习率的梯度下降法
AdaGrad	AdaGrad的改进版，收敛更快的梯度下降法
Adam	基于一阶梯度进行优化的梯度下降法

图 7.35 所示的是用于执行训练的代码。训练时，在每个 epoch 中使用全部训练样本更新网络。首先随机选择与 Mini-Batch 数量相等的训练数据及其期望输出，并把它们传递给 Variable。Variable 能够保存变量值的变化，这样就能存储误差反向传播算法中值的变化。接下来，设训练样本为 x，期望输出为 t，把 x 和 t 与 model 一起传递给 optimizer 的 update 函数。一个 update 函数就能完成网络训练的正向传播和反向传播。使用 update 函数进行更新时得到的误差和准确率分别保存在 model.loss.data 和 model.accuracy.data 中，我们可以获取这两个值，并计算累计值 sum_loss 和 sum_accuracy。

使用所有训练样本完成网络更新后即可进行测试。我们把测试数据集中的数据及其期望输出传递给 Variable，分别用 x 和 t 表示，再把 x 和 t 传递给 model，计算准确率和误差并返回误差。和训练阶段一样，我们仍然从 model.accuracy.data 中获取准确率。另外，测试时无须记录变量值的变化，不过需要把 Variable 的 volatile 参数设置为 on。

```
# 训练的反复迭代处理
for epoch in six.moves.range(1, n_epoch + 1):
  print('epoch', epoch)

  # 训练
  perm = np.random.permutation(N)
  sum_accuracy = 0
  sum_loss = 0
  for i in six.moves.range(0, N, batchsize):
    x = chainer.Variable(xp.asarray(x_train[perm[i:i + batchsize]]))
    t = chainer.Variable(xp.asarray(y_train[perm[i:i + batchsize]]))

    # 更新处理
    optimizer.update(model, x, t)

    sum_loss += float(model.loss.data) * len(t.data)
    sum_accuracy += float(model.accuracy.data) * len(t.data)

  print('train mean loss={}, accuracy={}'.format( sum_loss / N, sum_accuracy / N))

  # 测试
  sum_accuracy = 0
  sum_loss = 0
  for i in six.moves.range(0, N_test, batchsize):
    x = chainer.Variable(xp.asarray(x_test[i:i + batchsize]), volatile='on')
    t = chainer.Variable(xp.asarray(y_test[i:i + batchsize]), volatile='on')
    loss = model(x, t)
    sum_loss += float(loss.data) * len(t.data)
    sum_accuracy += float(model.accuracy.data) * len(t.data)

  print('test  mean loss={}, accuracy={}'.format(
    sum_loss / N_test, sum_accuracy / N_test))
```

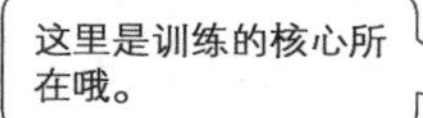

图7.35 train_mnist.py中的一部分（2）

最后保存训练完成的网络模型及其训练状态（图7.36）。Chainer 1.5以上版本已支持使用hdf5（Hierarchical Data Format5）[①]进行保存。hdf5格式能够把数据的层级结构保存到一个文件中。预训练模型的信息保

① Hierarchical Data Format（HDF）是一种针对大量数据进行组织和存储的文件格式。——译者注

存在 model 中，训练状态保存在 optimizer 中。使用 Serializer 类可以分别保存它们。需要先加载已保存的网络再进行测试时，通过 serializers.load_hdf5('mlp_model', model) 即可读取。

```
# 保存训练模型和训练状态
print('save the model')
serializers.save_hdf5('mlp.model', model)
print('save the optimizer')
serializers.save_hdf5('mlp.state', optimizer)
```

图 7.36 train_mnist.py 中的一部分（3）

7.6.5 使用Chainer进行训练——卷积神经网络

训练卷积神经网络时，也需要定义网络结构并传递给训练程序。卷积神经网络的网络结构示例如图 7.37 所示。这个 AlexNet 网络由五个卷积层和三个全连接层组成，网络结构的配置保存在 chainer/examples/imagenet/alex.py 中。首先，在用于初始化的函数 init 中定义网络需要使用的 Link 对象。卷积层的定义使用 Convolution2D 函数，Convolution2D 函数的参数中指定了输入图像通道数、输出图像通道数、卷积核大小，选项 stride 设置了步长，pad 设置了对图像边缘进行补零填充的大小。全连接层的 Linear 和 7.6.4 节中介绍的多层感知器一样，参数中指定了输入单元个数和输出单元个数。在程序运行时执行处理的 call 函数定义了 Function 对象并设置了网络结构。接下来把 init 函数中定义的 Link 对象传递给激活函数 ReLU、进行池化操作的 max_pooling_2d，以及进行归一化的 local_response_normalization 等 Function 对象做参数。Dropout 也是一种 Function 对象。此外，误差函数 loss 以及准确率计算函数 accuracy 也在这里定义。

```
class Alex(chainer.Chain):
  insize = 227

  def __init__(self):
    super(Alex, self).__init__(
      conv1=L.Convolution2D(3,  96, 11, stride=4),
      conv2=L.Convolution2D(96, 256,  5, pad=2),
      conv3=L.Convolution2D(256, 384,  3, pad=1),
      conv4=L.Convolution2D(384, 384,  3, pad=1),
      conv5=L.Convolution2D(384, 256,  3, pad=1),
      fc6=L.Linear(9216, 4096),
      fc7=L.Linear(4096, 4096),
      fc8=L.Linear(4096, 1000),
    )
    self.train = True

  def __call__(self, x, t):
    h = F.max_pooling_2d(F.relu(
      F.local_response_normalization(self.conv1(x))), 3, stride=2)
    h = F.max_pooling_2d(F.relu(
      F.local_response_normalization(self.conv2(h))), 3, stride=2)
    h = F.relu(self.conv3(h))
    h = F.relu(self.conv4(h))
    h = F.max_pooling_2d(F.relu(self.conv5(h)), 3, stride=2)
    h = F.dropout(F.relu(self.fc6(h)), train=self.train)
    h = F.dropout(F.relu(self.fc7(h)), train=self.train)
    h = self.fc8(h)

    self.loss = F.softmax_cross_entropy(h, t)
    self.accuracy = F.accuracy(h, t)
    return self.loss
```

图 7.37 卷积神经网络

7.6.6 Caffe训练模型的导入

Chainer 支持 Caffe 预训练模型。为了在 Chainer 上使用 Caffe 模型，首先需要安装所需的依赖库。

安装依赖库

```
sudo pip install pillow
sudo pip install protobuf
```

所需样本保存在 chainer/examples/modelzoo 目录下。接下来下载预训练模型和 ImageNet 的均值图像数据集。

下载模型

```
python download_model.py < 模型名称 >
python download_mean_file.py
```

Caffe 公开的 Reference 模型均可下载，指定以下任意模型名称即可。

- alexnet
- caffenet
- googlenet

测试时使用 evaluate_caffe_net.py 文件，不过需要我们准备测试样本。预训练模型是对 ImageNet 数据集进行训练得到的，所以能够识别 1000 个类别。7.4 节的 Caffe 安装完成后，可得到包含各类别名的 caffe/data/ilsvrc12/synset_words.txt 文件。下面基于这个文件准备测试图像，这里使用图 7.38 所示的杯子图像。然后，创建测试数据列表，其中列出了图像及其类别号。杯子在 /synset_words.txt 中的类别号是 969，所以在 test.txt 中写作“cup.jpg 969”。

那么，识别结果会是什么样的呢?

图 7.38 使用 Chainer 进行测试的图像示例

evaluate_caffe_net.py 中的参数如下所示。

- 测试数据列表：设置列出图像名称及其类别编号的文件
- 模型名称：从 alexnet、caffenet 和 googlenet 中选一个
- 模型文件：指定预训练模型的文件名称

选项如下所示。

- 测试数据的原始目录：指定图像所在目录
- 均值图像文件：指定文件名称
- 批大小：指定单次测试的图像数
- GPU：指定 GPU 的 ID 编号

下面把测试数据列表和下载的预训练模型传递给参数，并执行测试。

Caffe 模型测试

```
python evaluate_caffe_net.py test.txt alexnet bvlc_
alexnet.caffemodel-b ./ -B 1
```

由于测试数据列表中只有一张图像文件，所以批大小为 1。

测试运行结果如下所示。

Caffe 模型的测试结果（1）

```
Loading Caffe model file bvlc_alexnet.caffemodel...
Loaded
mean loss: 6.62544107437
mean accuracy: 0.0
```

使用 evaluate_caffe_net.py 进行测试，测试结果只能显示误差和准确率，并不显示识别结果。为了解决这个问题，图 7.39 中的红字部分对 evaluate_caffe_net.py 进行了些许改进。首先读取 synset_words.txt 得到类别信息。修改前的 forward 函数是使用 softmax_cross_entropy 计算误差，修改后的 predict 函数是使用 softmax 函数计算各类别的概率。读取测试图像时把图像尺寸修改为 256 × 256 像素，然后把测试图像传递给 predict 函数，得到各类别的概率。最后通过 Python 的 zip 函数把概率和类别信息整合后，按照评分由高到低的顺序重新排列，并输出列表中前五个类别的名称及其概率。

```
categories = np.loadtxt('synset_words.txt', str, delimiter="\t")
top_k = 5

print('Loading Caffe model file %s...' % args.model, file=sys.stderr)
func = caffe.CaffeFunction(args.model)
print('Loaded', file=sys.stderr)
if args.gpu >= 0:
    cuda.get_device(args.gpu).use()
    func.to_gpu()

if args.model_type == 'alexnet' or args.model_type == 'caffenet':
    in_size = 227
    mean_image = np.load(args.mean)

    def predict(x):
        y, = func(inputs={'data': x}, outputs=['fc8'], train=False)
        return F.softmax(y)

cropwidth = 256 - in_size
start = cropwidth // 2
stop = start + in_size
mean_image = mean_image[:, start:stop, start:stop].copy()

x_batch = np.ndarray((args.batchsize, 3, in_size, in_size), dtype=np.float32)
y_batch = np.ndarray((args.batchsize,), dtype=np.int32)

i = 0
count = 0
accum_loss = 0
accum_accuracy = 0
for path, label in dataset:
    image = Image.open(path).resize((256,256))
    image = np.asarray(image).transpose(2, 0, 1)[::-1]
    image = image[:, start:stop, start:stop].astype(np.float32)
    image -= mean_image

    x_batch[i] = image
    y_batch[i] = label
    i += 1

    if i == args.batchsize:
        x_data = xp.asarray(x_batch)
        y_data = xp.asarray(y_batch)
        x = chainer.Variable(x_data, volatile=True)
        t = chainer.Variable(y_data, volatile=True)

        score= predict(x)
        prediction = zip(score.data[0].tolist(), categories)
        prediction.sort(cmp=lambda x, y: cmp(x[0], y[0]), reverse=True)
        for rank, (score, name) in enumerate(prediction[:top_k], start=1):
        print('%d | %s | %4.1f%%' % (rank, name, score * 100))

        i = 0
```


图7.39 evaluate_caffe_net.py的改进

改进后的识别程序的运行结果如下所示。

Caffe 模型的测试结果（2）

```
Loading Caffe model file bvlc_alexnet.caffemodel...
Loaded
1 - n07920052 espresso - 56.4%
2 - n07930864 cup - 9.1%
3 - n03063599 coffee mug - 6.7%
4 - n07836838 chocolate sauce, chocolate syrup - 4.3%
5 - n04263257 soup bowl - 2.8%
```

ImageNet 基准测试要对 1000 个类别的图像进行分类，其中包括相似的类别，所以在测试时，只要前五个类别中包含正确类别即视为正确。图 7.38 是咖啡杯的图像，而测试结果中前几位类别包括 espresso、cup 和 coffe mug，所以可认为识别结果正确。

目前，Caffe 是一个拥有众多使用者的深度学习工具，使用 Caffe 训练的网络很多均已被公开。Chainer 能够支持 Caffe 预训练模型这一功能实属便捷。

7.7 TensorFlow

TensorFlow 是由 Google 发布的深度学习框架（截至 2016 年 1 月的最新版本为 0.6）[84]，Google 内部使用的工具 DistBelief 是其前身，经过改进后开始面向大众并开源。除了矩阵运算和深度学习相关的函数，TensorFlow 还提供了图像插补及图像旋转等图像处理相关的函数。TensorFlow 的灵活性很强，组合函数就能实现所需的算法，而且在嵌入式设备、单片机乃至更大规模的分布式环境上都能运行。它的基本思路是使用有向图来表示计算任务。有向图由许多节点（node）构成，节点代表符号变量或操作。在 TensorFlow 中，所有操作都必须在会话（session）中执行，所以我们需要创建一个会话（session）来执行定义好的计算图（相当于 Define and Run）。程序运行时，在图中传递的数据为多维数组，即张量（tensor）。

TensorFlow 的核心部分采用 C++ 编写以实现高效计算，其函数接口支持 C++ 和 Python 两种编程语言。接下来我们就以 Python 为例进行说明。

7.7.1 安装TensorFlow

和 Chainer 一样，TensorFlow 的安装过程也非常简单，执行以下 pip 命令即可。

安装 TensorFlow

```
#Ubuntu（只使用 CPU 模式）
sudo pip install --upgrade https://storage.
googleapis.com/
tensorflow/linux/cpu/tensorflow-0.6.0-cp27-none-
linux_x86_64.whl
#Ubuntu（使用 GPU 模式）
sudo pip install --upgrade https://storage.
googleapis.com/
tensorflow/linux/gpu/tensorfiow-0.6.0-cp27-none-
linux_x86_64.whl
#MacOS（只使用 CPU 模式）
sudo easy_install --upgrade six
sudo pip install --upgrade https://storage.
googleapis.com/
tensorflow/mac/tensorflow-0.6.0-py2-none-any.whl
```

安装 TensorFlow 之前，需要先安装 Python（2.7 或 3.3 以上版本）和 pip，如果使用 GPU，还需要安装 CUDA Toolkit 7.0 和 cuDNN V2。使用 Python 3.3 以上版本时，TensorFlow 的安装过程如下所示。

安装 TensorFlow（使用 Python 3.3 以上版本时）

```
# Ubuntu（只使用 CPU 模式）
sudo pip3 install --upgrade https://storage.googleapis.com/
tensorflow/linux/cpu/tensorflow-0.6.0-cp34-none-
linux_x86_64.whl
# Ubuntu（使用 GPU 模式）
sudo pip3 install --upgrade https://storage.googleapis.com/
tensorflow/linux/gpu/tensorflow-0.6.0-cp34-none-
linux_x86_64.whl
# MacOS（只使用 CPU 模式）
sudo easy_install --upgrade six
sudo pip3 install --upgrade https://storage.googleapis.com/
tensorflow/mac/tensorflow-0.6.0-py3-none-any.whl
```

我们也可以通过源码编译安装 TensorFlow。GitHub 上有可供下载的源码[①]。通过源码安装时，请参考官网中的 TensorFlow 源码安装教程[②]。

像下面这样启动 Python 即可确认 TensorFlow 是否成功安装。

TensorFlow 安装确认

```
$ python
>>> import tensorflow as tf
>>> a = tf.constant(10)
>>> b = tf.constant(32)
>>> sess = tf.Session()
>>> print(sess.run(a + b))
42
```

7.7.2　使用TensorFlow进行训练——Softmax回归

TensorFlow 的官网上给出了它详细的英文版使用教程。在 MNIST For ML Beginners[③] 中可以查看面向机器学习初学者的 MNIST 教程。首

① https://github.com/tensorflow/tensorflow

② https://www.tensorflow.org/versions/master/get_started/os_setup.html#source

③ https://www.tensorflow.org/versions/master/tutorials/mnist/beginners/index.html

先我们来看一下 MNIST For ML Beginners 中介绍的使用 Softmax 回归进行手写字符识别的方法。与其他深度学习框架一样，TensorFlow 也使用 MNIST 数据集进行手写字符识别。TensorFlow 教程中提供的下载脚本可以下载 MNIST 数据集并将其转换为可在 TensorFlow 上使用的格式。我们需要打开 URL①，复制代码并将代码存为 input_data.py 文件。

接下来创建使用 Softmax 回归进行手写字符识别的程序（图 7.40）。为了使用 TensorFlow 中的函数，我们需要先导入 tensorflow 并给它取名为 tf，然后导入前面介绍的 input_data.py 文件。接下来，首先读取 MNIST 数据集，分成训练数据和测试数据，这一步处理在 input_data.py 中设置。用 placeholder 函数设置要向训练模型输入的训练数据，用 Variable 函数设置模型的两个参数，即连接权重和偏置。placeholder 定义变量的类型和维数，一经定义，类型和维数就基本保持不变。Variable 函数定义变量的大小。连接权重 W 的参数设为输入维度和输出维度，这里使用 softmax 函数计算输出。首先使用 matmul 函数求出输入样本 x 和连接权重 W 的内积运算的结果，并使之与偏置 b 相加，然后把得到的值输入到 softmax 函数里面。与训练数据一样，期望输出也使用 placeholder 函数设置，None 是第一个维度，在这里表示期望输出的 Mini-Batch 的大小可为任意值。GradientDescentOptimaizer 用于计算误差。至此，我们设置了训练数据、期望输出以及模型参数大小，并定义了输出的计算公式和网络调整方法，但是还未正式开始训练。接下来是模型训练部分，首先使用 initialize_all_variables 函数初始化所有参数，然后创建训练会话。这些完成之后，就可以开始训练了，迭代训练次数为 for 语句中指定的 1000 次。接下来通过 next_batch 选择训练样本，把选择的训练样本和期望输出一起传递给 run 函数就可以进行训练了。训练过程就这么简单。

在测试结果部分，首先利用 argmax 函数确认有多少测试样本的实际输出和期望输出是一致的，然后根据一致的个数计算准确率。测试结果保存到 softmax_regression.py 文件中。程序运行如下所示。

---

① https://tensorflow.googlesource.com/tensorflow/+/master/tensorflow/examples/tutorials/mnist/input_data.py

```
#导入 TensorFlow 库
import tensorflow as tf
import input_data

#读取 MNIST 数据集，分成训练数据和测试数据
mnist = input_data.read_data_sets("MNIST_data/", one_hot=True)

#设置训练数据 x、连接权重 W 和偏置 b
x = tf.placeholder("float", [None, 784])
W = tf.Variable(tf.zeros([784, 10]))
b = tf.Variable(tf.zeros([10]))

#对 x 和 W 进行内积运算后把结果传递给 softmax 函数，计算输出 y。
y = tf.nn.softmax(tf.matmul(x, W) + b)

#设置期望输出 y
y_ = tf.placeholder("float", [None, 10])

#计算交叉熵代价函数
cross_entropy = -tf.reduce_sum(y_ * tf.log(y))

#使用梯度下降法最小化交叉熵代价函数
train_step = tf.train.GradientDescentOptimizer(0.01).minimize(cross_entropy)

#初始化所有参数
init = tf.initialize_all_variables()
sess = tf.Session()
sess.run(init)

#迭代训练
for i in range(1000):
  #选择训练数据（mini–batch）
  batch_xs, batch_ys = mnist.train.next_batch(100)
  #训练处理
  sess.run(train_step, feed_dict={x: batch_xs, y_: batch_ys})

#进行测试，确认实际输出和期望输出是否一致
correct_prediction = tf.equal(tf.argmax(y, 1), tf.argmax(y_, 1))
#计算准确率
accuracy = tf.reduce_mean(tf.cast(correct_prediction, "float"))
print sess.run(accuracy, feed_dict={x: mnist.test.images, y_: mnist.test.labels})
```

图7.40 使用TensorFlow进行Softmax回归

执行 Softmax 回归

```
$ python softmax_regression.py
```

运行后得到的分类准确率在 91% 左右。

7.7.3 使用TensorFlow进行训练——卷积神经网络

下面我们来看一下如何使用卷积神经网络进行手写字符识别。如果网络中包含多个卷积层和全连接层，那么由于每一层都要编写相同的代码，所以就会出现代码冗余，这会导致程序发生 Bug，降低代码可读性。和普通编程的思路一样，我们可以把卷积层和全连接层中需要反复实施的处理封装成函数，以简化代码。

图 7.41 中显示了卷积神经网络的代码开头部分。首先定义连接权重的初始化函数 weight_variable（shape）和偏置的初始化函数 bias_variable（shape）。truncated_normal 函数可以根据指定的标准差（stddev）创建并输出随机数。这里的随机数会被传递给 Variable 函数。

函数 conv2d(x, W) 用于构建卷积层，参数中 x 为输入数据，W 为卷积核。两个参数都是四维的，输入数据对应的维度依次是批大小、高度、宽度和通道数，卷积核对应的维度依次是卷积核高度、卷积核宽度、输入通道数和输出通道数。用 stride 设置卷积核移动的步长，和输入数据一样，stride 也是四维的，如果将 stride 设置为 2，可以写作 [1, 2, 2, 1]。用 padding 指定是否补零填充，如需填充要将 padding 设为 SAME，否则设为 VALID。

函数 max_pool_2x2(x) 用于构建池化层，参数 x 为四维的输入数据，对应的维度依次是批大小、高度、宽度和通道数。参数 ksize 设置的是池化窗口的大小，stride 设置的是池化的步长，而 padding 用于指定是否补零填充。和输入数据一样，ksize 和 stride 都是四维的，对应的维度依次是批大小、高度、宽度和通道数。

定义完函数后，我们来设置数据集。和 7.7.2 节中的 Softmax 回归一样，卷积神经网络也是使用 input_data.py 函数读取 MNIST 数据集。用 placeholder 函数设置输入数据 x 和期望输出 $y\_$。输入数据是二维的

[批大小（None），数据维度（784）]，我们使用 reshape 函数将其转换为四维张量（[-1, 28, 28, 1]）。

```
import input_data
import tensorflow as tf
import time

#初始化连接权重
def weight_variable(shape):
  initial = tf.truncated_normal(shape, stddev=0.1)
  return tf.Variable(initial)

#初始化偏置
def bias_variable(shape):
  initial = tf.constant(0.1, shape=shape)
  return tf.Variable(initial)

#构建卷积层
def conv2d(x, W):
  return tf.nn.conv2d(x, W, strides=[1, 1, 1, 1], padding='SAME')

#构建池化层
def max_pool_2x2(x):
  return tf.nn.max_pool(x, ksize=[1, 2, 2, 1],
             strides=[1, 2, 2, 1], padding='SAME')

#读取 MNIST 数据集
mnist = input_data.read_data_sets('MNIST_data', one_hot=True)
#设置数据集和期望输出
x = tf.placeholder("float", shape=[None, 784])
y_ = tf.placeholder("float", shape=[None, 10])

#修改数据集格式（批大小 ×28×28× 通道数）
x_image = tf.reshape(x, [-1,28,28,1])
```

图 7.41 使用 TensorFlow 训练卷积神经网络（1）

图 7.42 是定义网络结构的代码。首先使用前面定义的函数 weight_variable 和 bias_variable，来设置第 1 个卷积层的两个参数 W_conv1 和 b_conv1。weight_variable 函数的参数是一个四维张量，对应的维度依次是卷积核高度、卷积核宽度、通道数和卷积核个数，bias_variable 函数的参数为偏置数。

```
# 第 1 个卷积层
W_conv1 = weight_variable([5, 5, 1, 32])
b_conv1 = bias_variable([32])

# 激活函数及池化
h_conv1 = tf.nn.relu(conv2d(x_image, W_conv1) + b_conv1)
h_pool1 = max_pool_2x2(h_conv1)

# 第 2 个卷积层
W_conv2 = weight_variable([5, 5, 32, 64])
b_conv2 = bias_variable([64])

# 激活函数及池化
h_conv2 = tf.nn.relu(conv2d(h_pool1, W_conv2) + b_conv2)
h_pool2 = max_pool_2x2(h_conv2)

# 设置全连接层的参数
W_fc1 = weight_variable([7 * 7 * 64, 1024])
b_fc1 = bias_variable([1024])

# 全连接层
h_pool2_flat = tf.reshape(h_pool2, [-1, 7*7*64])
h_fc1 = tf.nn.relu(tf.matmul(h_pool2_flat, W_fc1) + b_fc1)

# Dropout
keep_prob = tf.placeholder("float")
h_fc1_drop = tf.nn.dropout(h_fc1, keep_prob)

# 设置全连接层的参数
W_fc2 = weight_variable([1024, 10])
b_fc2 = bias_variable([10])
# softmax 函数
y_conv=tf.nn.softmax(tf.matmul(h_fc1_drop, W_fc2) + b_fc2)

# 误差函数
cross_entropy = -tf.reduce_sum(y_*tf.log(y_conv))
```

图7.42 使用TensorFlow训练卷积神经网络（2）

在 conv2d 函数中设置输入数据 x_image、卷积核参数 W_conv1 和偏置 b_conv1，并进行卷积处理，然后将结果传递给激活函数 ReLU 进行处理。输出结果是 h_conv1。把 h_conv1 传递给 max_pool_2x2 进行池化操作后得到 h_pool1。第 2 个卷积层同上，首先设置参数，然后把卷积结果传递给激活函数进行处理后再对结果进行池化操作。虽然这里使用的也是前面定义的函数，不过可以看到输入通道数和输出通道数并不相同。

全连接层使用函数 weight_variable 和 bias_variable 来设置二维的参数，两个维度分别是输入层单元个数和输出层单元个数，weight_variable 函数支持不同维度的数据。由于上一层的池化结果是四维张量，所以通过 reshape 函数转换成二维张量后才能输入到全连接层中，这里的两个维度分别是批大小和输入数据的大小。全连接层使用 matmul 函数进行计算，计算结果会被传递给激活函数 ReLU，经过处理后，输出 h_fc1。

为了进行 Dropout，这里用 placeholder 函数设置各单元的概率 keep_prob，以确定是否保留单元的值。这个保留概率和全连接层的输出结果将作为参数传递给 dropout 函数进行 Dropout 处理。

像前一个全连接层那样设置输出层的参数，用这两个参数和前一层的 Dropout 处理结果进行运算，把运算结果输入给 softmax 函数计算输出值。另外，误差函数也在这里定义。这里定义了误差函数使用交叉熵代价函数。

下面利用前面定义的网络结构训练模型，示例代码如图 7.43 所示。首先选择训练方法，这里使用 Adam 优化算法最小化交叉熵代价函数，同时把学习率传递给 AdamOptimizer 做参数。

在测试方法部分，使用 argmax 函数获取最大概率的输出类别及其期望输出，使用 equal 函数比较两个值是否一致。correct_prediction 已经把对所有测试数据的预测结果转换成了浮点数向量，然后求均值得到准确率。

训练时，首先使用 Session 函数创建一个会话，然后把全部参数的初始化函数 initialize_all_variables 传入会话的 run 函数并进行训练。

训练是在 for 语句中反复进行的。首先用 next_batch 函数选择 50 张训练数据作为一个 Mini-Batch，把要执行的操作传递给会话的 run 函数后就开始迭代。这里迭代的是 train_step 和 cross_entropy 两个操作，train_step 负责使用 Adam 进行误差反向传播，cross_entropy 负责计算误差。然后把训练数据传递给 feed_dict。用 keep_prob 设置 Dropout 的概率。run 函数会返回迭代处理的结果。run 函数执行的两个操作中，

```
# 训练方法
train_step = tf.train.AdamOptimizer(1e-4).minimize(cross_entropy)

# 测试方法
correct_prediction = tf.equal(tf.argmax(y_conv,1), tf.argmax(y_,1))
accuracy = tf.reduce_mean(tf.cast(correct_prediction, "float"))

# 创建训练用的会话
sess = tf.Session()

# 初始化参数
sess.run(tf.initialize_all_variables())

st = time.time()

# 迭代处理
for i in range(1000):
  # 选择训练数据（mini-batch）
  batch = mnist.train.next_batch(50)
  # 训练处理
  _, loss_value = sess.run([train_step, cross_entropy],
                           feed_dict={x: batch[0], y_: batch[1], keep_prob: 0.5})

  # 测试
  if i %100 == 0:
    acc = sess.run(accuracy,
            feed_dict={x: mnist.test.images, y_: mnist.test.labels, keep_prob: 1.0})
    print "Test accuracy at step %s: %s" % (i, acc)

print "elapsed time %f [s]" % (time.time() - st)

# 测试
acc = sess.run(accuracy,
        feed_dict={x: mnist.test.images, y_: mnist.test.labels,  keep_prob: 1.0})
print "Test accuracy %s" % acc
```

图7.43 使用TensorFlow训练卷积神经网络（3）

train_step 没有返回值，cross_entropy 的返回值赋值给了 loss_value。通过 print 函数把 loss_value 的值显示到屏幕上，即可查看训练情况。这里需要迭代训练 2 万次，每迭代 100 次就测试一次并输出准确率。训练结束后再计算一次测试数据的识别准确率。训练过程如图 7.44 所示，图中显示了训练准确率和测试准确率，测试准确率达到 99.2% 左右。

```
$ python convnet.py
Extracting MNIST_data/train-images-idx3-ubyte.gz
Extracting MNIST_data/train-labels-idx1-ubyte.gz
Extracting MNIST_data/t10k-images-idx3-ubyte.gz
Extracting MNIST_data/t10k-labels-idx1-ubyte.gz
        .
        .
        .
Test accuracy at step 0: 0.1044
Test accuracy at step 100: 0.8125
Test accuracy at step 200: 0.902
Test accuracy at step 300: 0.9249
Test accuracy at step 400: 0.9397
Test accuracy at step 500: 0.9465
        .
        .
        .
Test accuracy at step 19500: 0.9912
Test accuracy at step 19600: 0.9926
Test accuracy at step 19700: 0.9917
Test accuracy at step 19800: 0.9919
Test accuracy at step 19900: 0.9925
elapsed time 236.644029 [s]
Test accuracy 0.9927
```

图7.44 使用TensorFlow训练卷积神经网络时的训练界面

TensorFlow采用符号式编程，用符号变量描述网络结构和误差函数，把误差函数作为训练方法的参数，把输出作为测试方法的参数，只有在迭代训练中调用这些参数时才会执行训练和测试。TensorFlow教程中包含了各种各样的示例代码，如CIFAR-10图像识别数据集、ILSVR 2014的获胜者GoogLeNet，以及使用Recurrent Neural Network的英语单词预测和英语–法语翻译器等。如果用户希望搭建更大规模的网络，可以参考这些代码示例。

7.7.4 使用TensorBoard进行网络可视化

TensorFlow提供的可视化工具TensorBoard能直观地查看整个网络结构和训练情况。如果想通过TensorBoard实现可视化，需要先添加代码，以便把希望可视化的数据输出到事件文件中。下面我们向卷积神经网络的代码中添加可视化指令，代码如图 7.45 中的红字所示。首先，通过 Graph 类的 as_default 函数来生成一个计算图，在图中记录网络结构和训练情况，把输入数据和期望输出分别命名为 Input 和 GroundTruth。

```
#读取 MNIST 数据集
mnist = input_data.read_data_sets('MNIST_data', one_hot=True)
with tf.Graph().as_default():
    #设置数据集和期望输出
    x = tf.placeholder("float", shape=[None, 784], name="Input")
    y_ = tf.placeholder("float", shape=[None, 10], name="GroundTruth")

    #修改数据集格式（批大小 ×28×28× 通道数）
    x_image = tf.reshape(x, [-1,28,28,1])
```

图7.45 添加了可视化指令的卷积神经网络（1）

图 7.46 是网络结构和误差函数的代码。这里无须修改网络结构代码，只需为输出函数 softmax 设置名称 Output。给输入数据和输出设置名称后，TensorBoard 就能提取这些名称信息并进行可视化，以使网络简明易懂。然后，通过交叉熵代价函数计算误差，通过 scalar_summary 函数输出训练情况。

```
# softmax 函数
with tf.name_scope("Output") as scope:
  y_conv=tf.nn.softmax(tf.matmul(h_fc1_drop, W_fc2) + b_fc2)

# 误差函数
 with tf.name_scope("xentropy") as scope:
  cross_entropy = -tf.reduce_sum(y_*tf.log(y_conv))
  ce_summ = tf.scalar_summary("cross entropy", cross_entropy)
```

图7.46 添加了可视化指令的卷积神经网络（2）

主要的训练代码如图 7.47 所示。训练方法和测试方法分别被命名为 train 和 test，测试结果 accuracy 是通过 scalar_summary 函数输出的。

```
# 训练方法
with tf.name_scope("train") as scope:
  train_step = tf.train.AdamOptimizer(1e-4).minimize(cross_entropy)

# 测试方法
with tf.name_scope("test") as scope:
    correct_prediction = tf.equal(tf.argmax(y_conv,1), tf.argmax(y_,1))
    accuracy = tf.reduce_mean(tf.cast(correct_prediction, "float"))
    accuracy_summary = tf.scalar_summary("accuracy", accuracy)

# 训练情况的输出设置
summary_op = tf.merge_all_summaries()
summary_writer =tf.train.SummaryWriter('MNIST_data',graph_def=sess.graph_def)

# 创建训练用的会话
sess = tf.Session()

# 初始化参数
sess.run(tf.initialize_all_variables())

st = time.time()
# 反复训练
for i in range(1000):
  #选择训练数据集（mini–batch）
  batch = mnist.train.next_batch(50)
  #训练处理
  _, loss_value = sess.run([train_step, cross_entropy],
                                  feed_dict={x: batch[0], y_: batch[1], keep_prob: 0.5})
  if i %100 == 0:
    result = sess.run([summary_op, accuracy],
          feed_dict={x: mnist.test.images, y_: mnist.test.labels, keep_prob: 1.0})
    summary_str = result[0]
    acc = result[1]
    summary_writer.add_summary(summary_str, i)
    print("Test accuracy at step %s: %s" % (i, acc))
print "elapsed time %f [s]" % (time.time() – st)

# 测试
acc = sess.run(accuracy,
          feed_dict={x: mnist.test.images, y_: mnist.test.labels, keep_prob: 1.0})
print "Test accuracy %s" % acc
```

图 7.47 添加了可视化指令的卷积神经网络（3）

在训练数据的输出设置部分，首先通过函数 merge_all_summaries 把已设置的所有输出操作合并为一个操作，然后创建 SummaryWriter 类保存训练数据，在 SummaryWriter 类中设置输出的目录（MNIST_data）和图（网络结构）。由于这里设置了创建新类时保存网络结构，所以 graph_def 中可以不进行设置。如果希望稍后再保存网络结构，可以使用 SummaryWriter 类的 add_graph 函数。

每迭代 100 次训练会执行一次 run 函数，run 函数将会执行作为参数传入的两个处理 summary_op 和 accuracy，summary_op 输出训练数据，accuracy 进行测试。处理结果会被传递给 result。接下来，把第一个参数 summary_op 的结果传递给 summary_str，把第二个参数 accuracy 的结果传递给 acc。最后使用 SummaryWriter 类的 add_summary 函数输出 summary_str 的内容。这样就实现了使用 scalar_summary 函数输出交叉熵代价函数和准确率等训练数据的目的。

训练结束后，可以查看保存的网络结构和训练情况。创建 SummaryWriter 类时，系统会在指定目录下创建一个事件文件，这里把事件文件保存在 MNIST_data 目录下，运行程序如下所示。需要注意的是，--logdir 指定的是完整路径目录。

启动 TensorBoard

```
$ tensorboard -logdir /path/to/MNIST_data/ Starting
Tensor- Board on port 6006 (You can navigate to
http://localhost:6006)
```

TensorBoard 启动后可以通过浏览器访问，在地址栏输入 http://localhost:6006，系统就会显示如图 7.48 所示的主界面。

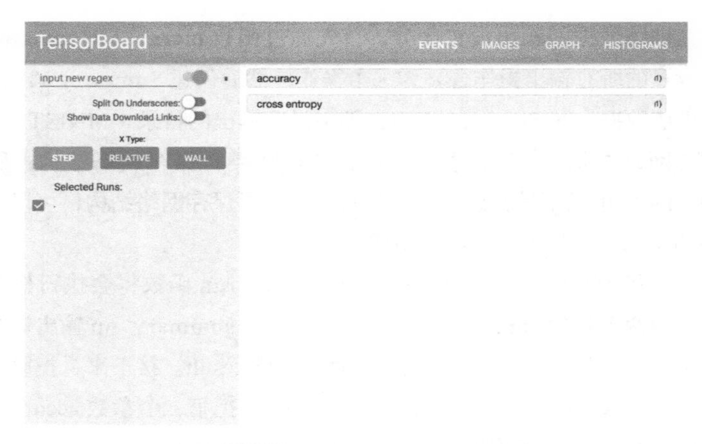

图 7.48 TensorBoard的主界面

点击 accuracy 可查看每迭代指定次数后的准确率变化情况，如图 7.49 所示。

图 7.49 使用TensorBoard确认准确率

点击 cross entropy 可查看每迭代指定次数后的交叉熵代价函数的变化情况，如图 7.50 所示。

图7.50 通过TensorBoard确认交叉熵代价函数

如果使用TensorFlow中的类保存训练日志，我们就可以通过TensorBoard读取这些日志，查看各种训练数据，这是一项非常便捷的功能。

接下来，我们尝试让网络结构可视化。点击主界面右上方的GRAPH选项，可以看到如图7.51所示的网络结构。点击其中的某个节点，就可以查看该节点的属性以及输入输出关系。此外，也可以很直观地确认这是否就是自己想要的网络结构。

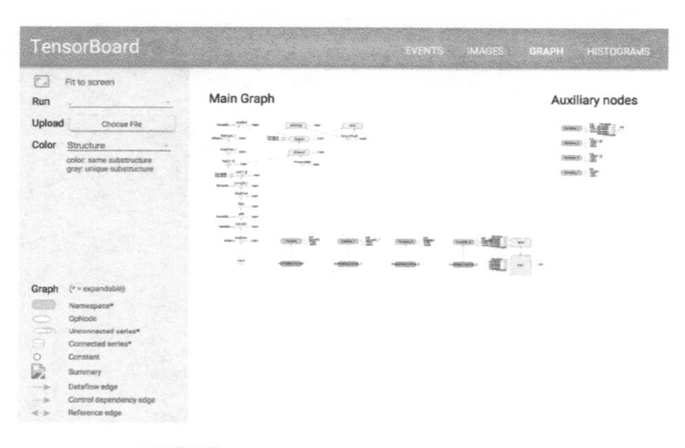

图7.51 通过TensorBoard查看网络结构

7.8 小结

随着深度学习的迅猛发展，深度学习工具日益增多，其中又以基于 Theano 的深度学习工具居多。除了 TensorFlow，或许今后还会出现一些由在深度学习领域引领研究的企业和研发机构开源的其他深度学习框架。我们从大量的深度学习工具中挑选了 Theano，基于 Theano 的 Pylearn2，在图像识别领域应用最多的 Caffe，以及两款备受瞩目的新工具 Chainer 和 TensorFlow，在本章介绍了这些工具的使用方法及特点。每种工具的使用方法以及所需代码量截然不同，对网络层和单元的命名方式也不尽相同，很容易造成混淆。对于初学者，这里推荐使用 Caffe 和 Chainer。如果各位读者希望自己动手写算法，这里推荐使用 Theano 和 TensorFlow。

虽然书中介绍了这些工具的安装过程，不过需要注意的是，根据使用环境的不同，安装过程和所需依赖库不尽相同。另外，由于软件升级快，升级过程中规格有可能发生变化，所以大家还需参考官方网站的信息。

第8章

深度学习的现在和未来

在图像领域，深度学习最初是被用于物体识别的，而目前其物体识别性能已居于绝对的领先地位，各种应用案例不断见诸报端。在本章中，我们将以深度学习在图像识别领域的应用为中心进行介绍。

8.1 深度学习的应用案例

深度学习的发展日新月异，新方法层出不穷。应用领域也从原来的语音识别、自然语言处理和图像识别逐渐扩展到大数据分析等更多领域。特别是在图像识别领域，Google、Facebook 和 Microsoft 等 IT 行业巨头公司一直积极推动深度学习的研究开发。受此影响，世界各地的大学也都在开展深度学习研究。如图 8.1 所示，在图像识别领域，深度学习不仅用于字符识别和物体识别，而且能够用于物体检测、分割和回归问题。此外，除了我们在前面章节中介绍的深度学习工具以外，在机器学习领域也提出了一些可用于深度学习的优化方法及训练方法。由此可见，深度学习在诸多领域都取得了日新月异的发展。

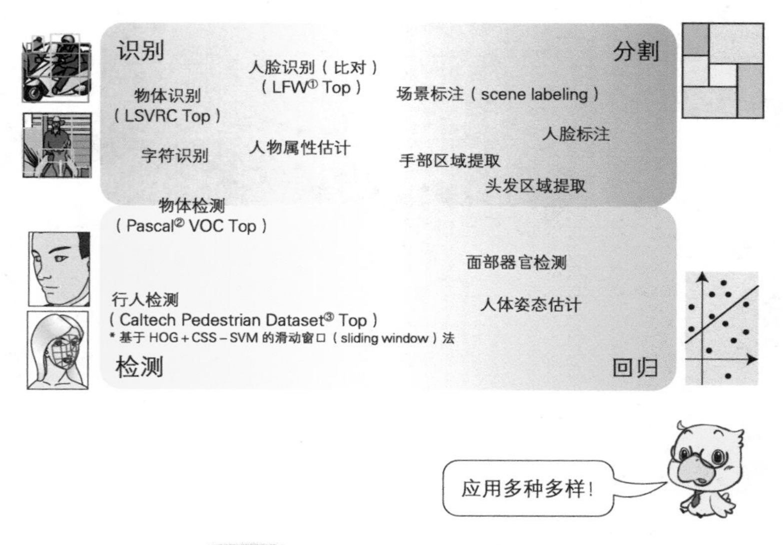

图8.1 深度学习在图像识别领域的应用

---

① 全称为 Labeled Faces in the Wild，是一个人脸识别公开测试集。——译者注

② 全称为 Pattern Analysis, Statical Modeling and Computational Learning。它是一个组织，自 2005 年起，每年都会举办图像识别与物体分类挑战赛 Pascal VOC Challenge。——译者注

③ 加州理工学院行人数据库。——译者注

8.1.1 物体识别

2012年举办的物体识别挑战赛（ILSVRC 2012）是深度学习在图像识别领域得以迅速发展的一个转折点。以往的物体识别主要依靠对SIFT等尺度不变特征变换方法和支持向量机等机器学习方法的组合应用来提升性能。在2012年以前举办的物体识别挑战赛中，每一年的识别性能提升主要依赖于SIFT等方法，性能提升空间有限，许多研究者甚至认为已经达到了极限。

然而，如图8.2所示，2012年多伦多大学研究团队提出的卷积神经网络大幅提高了物体识别的性能[34]。2010年，第1名的错误率为28%；2011年，第1名的错误率为26%，相比前一年性能仅提升了2%；而2012年，第1名的错误率为16%，性能提升幅度高达10%。按照2012年之前的估计需要10年才能完成的性能提升目标仅在1年内就达到了，这在当时产生了巨大影响，以至于在那以后的比赛中，深度学习一跃成为物体识别的核心方法。

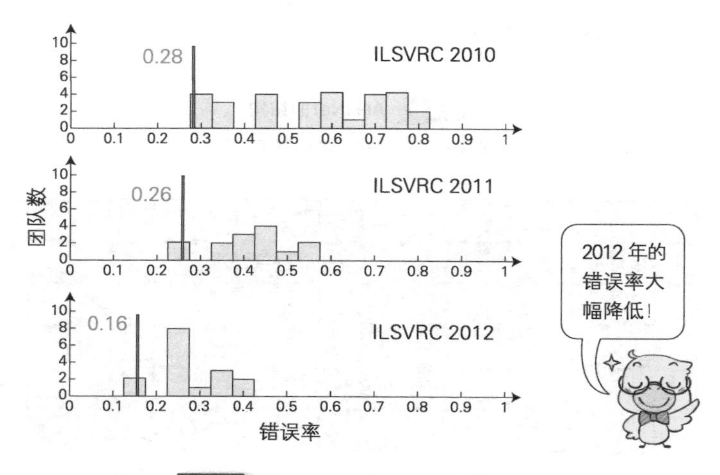

图8.2 ILSVRC 2012及以前的识别性能

在ILSVRC 2012中获胜的卷积神经网络名为AlexNet，其网络结构如图8.3所示，包含5个卷积层和3个全连接层，在第1、2、5个卷积层之后进行池化操作。使用激活函数ReLU并在全连接层引入Dropout是AlexNet网络的创新点，也是识别性能得以提升的主要原因。这些改进抑制了过拟合。经此一役，以往不受重视的卷积神经网络终于向世人展示了它的可能性，并且表明了 GPU 能够加速训练。AlexNet 中第 1 个卷积层训练后的卷积核如图 8.4 所示，可以看到卷积神经网络自动学习得到的卷积核能够捕捉到多个方向的边缘以及颜色渐变。能够捕捉边缘梯度的卷积核，已经非常接近以往由研究者们设计出来的卷积核，所以说能够自动学习得到这种程度的卷积核是一件具有划时代意义的大事。此外，卷积神经网络自动学习得到的卷积核还能捕捉到网纹图案等很难手工设计的复杂形状，这一点也需格外关注。

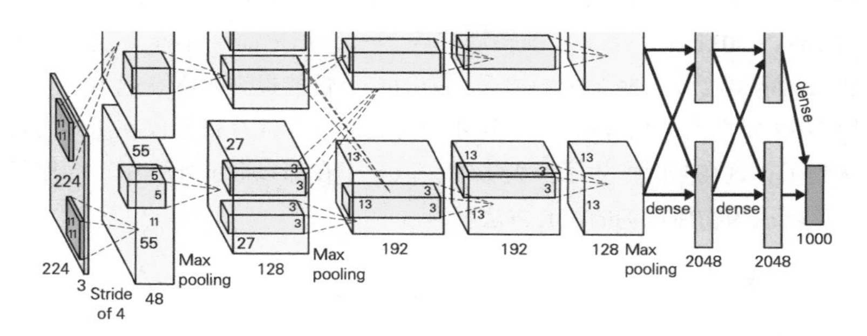

图 8.3　AlexNet 的结构

本图参考文献 [34]Figure2 制作而成

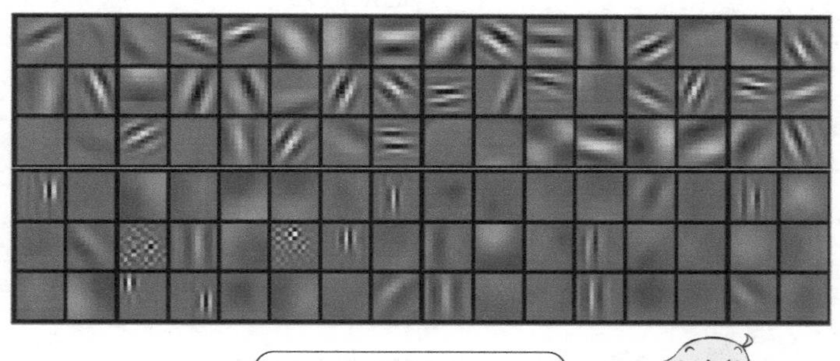

图 8.4　AlexNet 中第一层的卷积核

本图摘自文献 [34]Figure3

在 ILSVRC 2013 中，获胜者是由纽约大学的马修 · 蔡勒（Matthew

Zeiler）等人创立的 Clarifi 公司[8]。在卷积神经网络尚未受到瞩目的 2010 年，蔡勒等人就提出了反卷积网络（Deconvolution Network，DN）。这个网络中引入了反卷积层（deconvolution layer），能够把卷积结果恢复为原始的图像和特征图[79]。通过反卷积进行恢复后，我们可确认单元对哪些图像产生了反应。这样就可以从视觉上直观地确认训练后的网络的好坏。另外，如果事先保存了池化起始坐标，那么即便已经进行了池化操作，图像也能被恢复为原始图像。在 AlexNet 网络训练中引入该处理后，蔡勒等人就训练出了优于 AlexNet 的网络，从而赢得了比赛[78]。

ILSVRC 2014 的前几名被深度神经网络（deep neural network）包揽。第 1 名是 Google 的 GoogLeNet，共 22 层[67]；第 2 名是牛津大学的 VGG① 网络，共 19 层[63]。网络中每一层的结构都是精心设计的，并非多层网络的简单叠加。以 VGG 为例，为了加深与 AlexNet 相当的网络结构，每段卷积都使用了两层大小相等的 3 × 3 卷积核（图 8.5(a)）。这

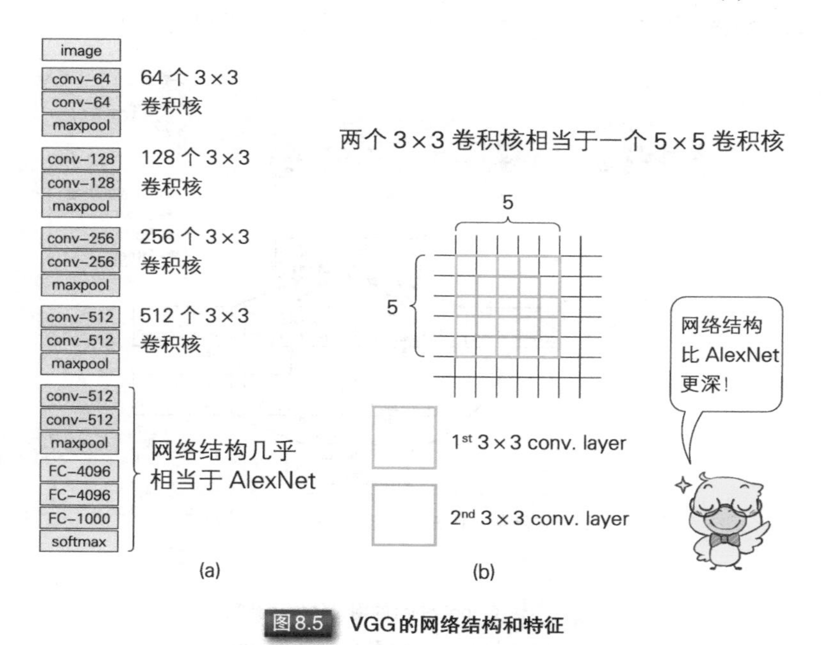

图 8.5 VGG 的网络结构和特征

① Vision Geometry Group，牛津大学视觉几何组。该小组提出的网络取名为 VGG。——译者注

个结构如图 8.5(b) 所示，相当于一个 5 × 5 卷积核。使用两个 3 × 3 卷积核代替一个 5 × 5 卷积核训练后的网络可以捕捉到更复杂的形状。

如图 8.6 所示，GoogLeNet 是通过由多个卷积层组成的 Inception 模块堆叠而成的。Inception 模块有如下结构：在 3 × 3 或 5 × 5 卷积前和最大池化后都分别加上了 1 × 1 卷积核，把得到的特征图与 1 × 1 卷积得到的特征图联合输出，形成一组特征。如图 8.7 所示，1 × 1 卷积核可以看作是在特征图之间建立一种全连接，从而得到新的特征图。这个方法是基于 Network in Network 提出来的，Network in Network 中的微型网络（micro network）可以代替激活函数将特征图全部连接起来 [40]。GoogLeNet 使用 Inception 模块对该方法进行了扩展，进而提升了网络的识别性能。表 8.1 列出了 ILSVRC 中识别性能的逐年变化情况以及近年来一些方法的识别性能，可见 2012 年以后的错误率得到了大幅降低。人类的识别错误率约为 5%，而在 2014 年挑战赛中，GoogLeNet 的识别能力已经接近人类水平，其后其识别错误率又进一步下降到了 4.82%，超越了人类的识别能力 [59]①。

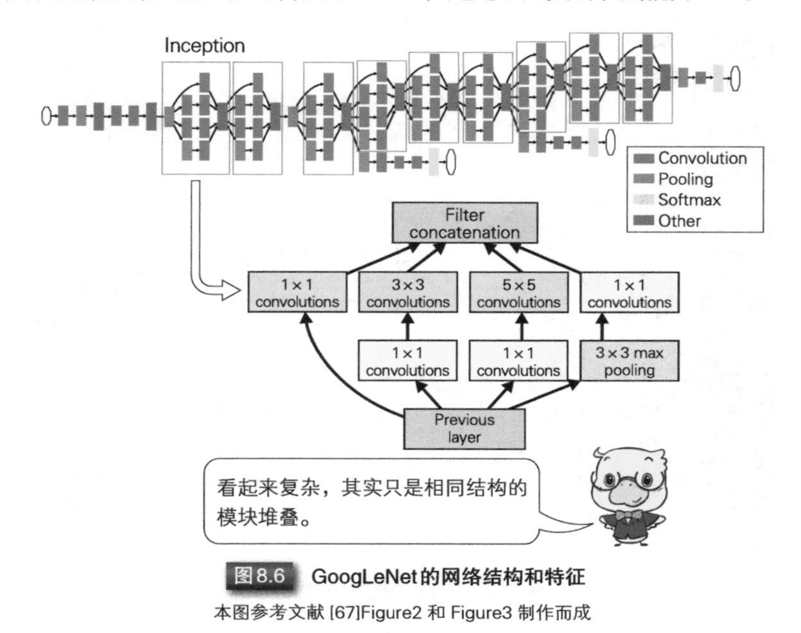

图 8.6 GoogLeNet 的网络结构和特征

本图参考文献 [67]Figure2 和 Figure3 制作而成

① 在 2015 年 12 月举办的挑战赛上，Microsoft 的超深层网络达到了 152 层，在识别性能上识别错误率已下降到 3.56%[88]。

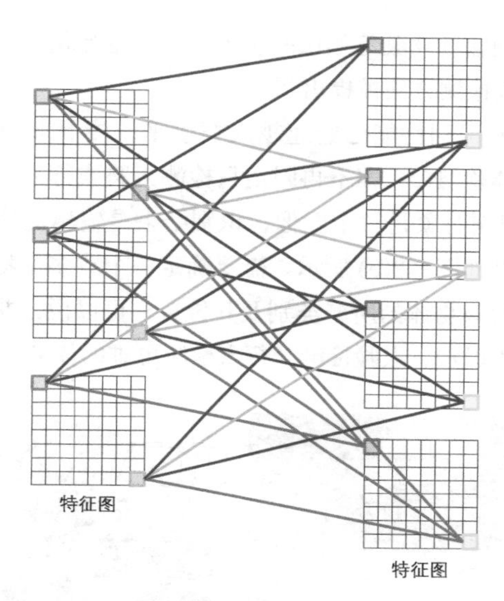

图8.7 1×1的卷积处理

表8.1 ILSVRC获胜网络的识别性能和近年部分方法的识别性能

团队	年份	排名	错误率	外部数据
XRCE（施乐公司）[52]	2011	第1名	25.6%	无
SuperVision（多伦多大学）[34]	2012	–	16.4%	无
SuperVision（多伦多大学）[34]	2012	第1名	15.3%	有 ImageNet 22k
Clarifai（纽约大学）[78]	2013	–	11.7%	无
Clarifai（纽约大学）[78]	2013	第1名	11.2%	有 ImageNet 22k
VGG（牛津大学）[63]	2014	第2名	7.32%	无
GoogLeNet（Google）[67]	2014	第1名	6.67%	无
Microsoft微软亚洲研究院（MRSA）[88]	2015	第1名	3.56%	无
人类的识别能力	–	–	5.1%	–
Microsoft微软亚洲研究院（MRSA）[20]	2015	–	4.94%	–
GoogLe[59]	2015	–	4.82%	–

8.1.2 物体检测

物体检测是确定图像中物体位置的方法。比较经典的物体检测有人脸检测和行人检测，这些都属于事先限定了检测对象的物体检测。行人检测因其在车辆辅助驾驶等领域的应用价值而备受瞩目，已有基于卷积神经网络的行人检测方法被提出 [29, 50]。

目前的物体识别性能已经超越人类水平，接下来的新挑战就是非类别限定的物体检测①，即不再限定只检测人脸或行人。物体识别如图 8.8(a) 所示，识别对象是整个图像，识别结果是输出的该图像的所属类别；而物体检测如图 8.8(b) 所示，需要确定一个或多个物体的位置，检测结果是输出的该物体的所属类别及其位置。可以说，非类别限定的物体检测是比物体识别、人脸检测及行人检测更难的任务。

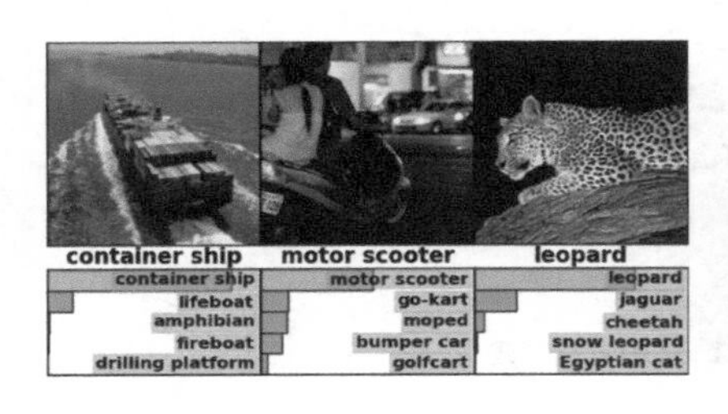

(a) 物体识别

(b) 物体检测

图 8.8 物体识别和物体检测

(a) 摘自文献 [34]Figure4

在物体识别中应用的卷积神经网络能够识别输入样本的所属类别，但不能直接应用于物体检测。在物体检测中应用的神经网络还需考虑以下两个问题。

- 如何筛选候选区域
- 如何去除冗余的候选区域

为了解决上述问题，区域卷积神经网络（Regions with Convolutional Neural Network，R-CNN）等方法应运而生 [17]。如图 8.9 所示，R-CNN 是通过 Selective Search（选择性搜索）[71] 的分割方法从图像中提取候选区域的。

① 下文提到“物体检测”时皆指“非类别限定的物体检测”。——编者注

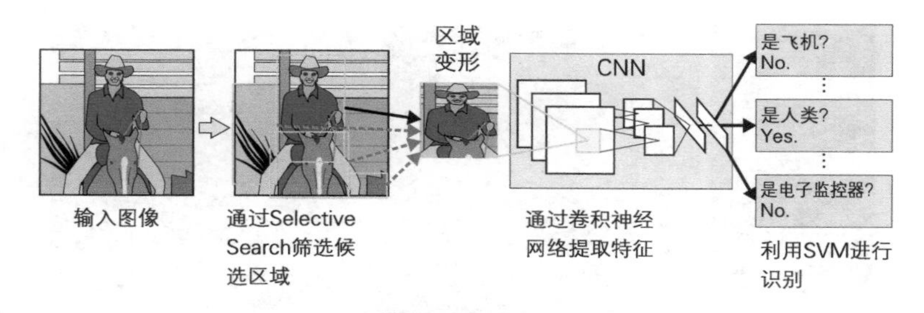

图 8.9 **R-CNN 的结构**

本图参考文献 [17]Figure1 制作而成

接下来把候选区域作为卷积神经网络的输入。这里，卷积神经网络的输入尺寸是固定的，而 Selective Search 提取的区域大小及宽高比（aspect ratio）各不相同，所以需要根据卷积神经网络的尺寸要求重新设置宽高比，这样就解决了上面第 1 个问题。解决第 2 个问题的方法是进行迁移学习。包括卷积神经网络在内的所有神经网络，其识别对象都属于训练过的类别。所以，如果输入的样本图像不属于训练样本类别，神经网络就只能从已训练的类别中选取最接近的类别输出，而无法输出准确类别。为了解决这个问题，我们首先使用 ImageNet 数据集进行物体识别的网络训练，再把训练好的网络参数作为其他数据集（如 Pascal VOC[13]）的初始值进行微调。这样就可以把原本只适用于 ImageNet 的网络迁移到其他数据集上。在进行物体检测时，除了要识别候选区域的物体对象，还需要识别其是否属于背景。R-CNN 并不使用卷积神经网络进行最终判断，而是把网络中倒数第 2 层的输出作为特征向量，例如 AlexNet 网络把第 7 层全连接层的输出作为特征向量输入到支持向量机进行识别。支持向量机是一个判断输入的特征向量与对象类别是否一致的二值分类器，支持向量机个数与识别的类别数相等即可。根据这个结果判断候选区域属于特定类别的物体还是背景。即 R-CNN 能够把卷积神经网络作为特征提取器使用。R-CNN 的检测结果如图 8.10 所示，可见 R-CNN 能够检测出多种物体的位置①。

① R-CNN 首先采用 Selective Search 提取候选区域，然后对所有候选区域进行 CNN 特征提取，处理非常耗时。人们正在对 R-CNN 进行改进，目前已通过改进得到两种方法：一种是 Fast R-CNN[87]，即首先对整个图像进行卷积操作得到特征图像，然后在全连接层以后处理各个候选区域；一种是 Faster R-CNN[91]，直接使用 CNN 提取候选区域，不再使用 Selective Search。

图 8.10 R-CNN的检测结果

本图摘自文献 [17]Figure8

8.1.3 分割

分割是输出每个像素的所属类别的方法。在进行物体识别时，输入层单元个数等于样本图像大小，输出层单元个数等于类别数。在进行分割时，输入层单元个数和进行物体识别时一样，等于样本图像大小，但输出层单元个数等于样本图像大小 × 类别数，即分割的输出结果是各个像素属于各类别的概率。分割对象可以是风景图像、人脸图像和医用图像等。图 8.11 是使用卷积神经网络进行图像背景分割的方法 [14]。首先根据输入图像生成多个不同分辨率的图像，并把这些图像分别输入到卷积神经网络中进行图像分割。然后把提取到的特征图汇总后，结合其他分割方法的结果来计算最终的分割结果。表 8.2 是使用 Stanford Background 数据集进行图像分割时的识别性能。Stanford Background 数据集包含了道路、山、水以及前景目标等 8 个类别 ①。可见使用多个卷积

① 8 个类别分别是天空（sky）、树（tree）、道路（road）、草地（grass）、水（water）、建筑（building）、山（mountain）和前景目标（foreground）。——译者注

神经网络以及同时使用一些分割方法时的识别性能要优于使用单个卷积神经网络时的识别性能。

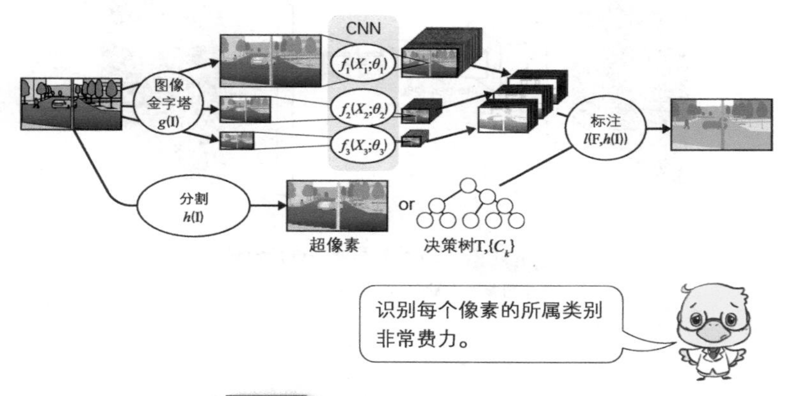

图8.11 使用卷积神经网络进行分割

本图参考文献 [14]Figure1 制作而成

表8.2 使用Stanford Background数据集进行分割时的性能

方式	像素级的准确率	类别级的准确率	处理时间
单个CNN	66.0%	56.5%	0.35s
多个CNN	78.8%	72.4%	0.6s
多个CNN + 超像素	80.4%	74.56%	0.7s

最近，研究者提出了使用全部由卷积层组成的全卷积网络（Fully Convolutional Networks，FCN）① 进行分割的方法 [41]。如图 8.12 所示，这种方法通过对用于物体识别训练的网络进行迁移学习，使其成为适用于分割的网络。此外，全卷积网络是通过把卷积神经网络中的全连接层变成卷积层而得到的，这里的卷积层使用了我们在 8.1.1 节介绍物体识别时介绍过的 1 × 1 卷积核。

① 将网络的全连接层变成卷积层之后，整个网络只有卷积层和池化层，称为全卷积网络。——译者注

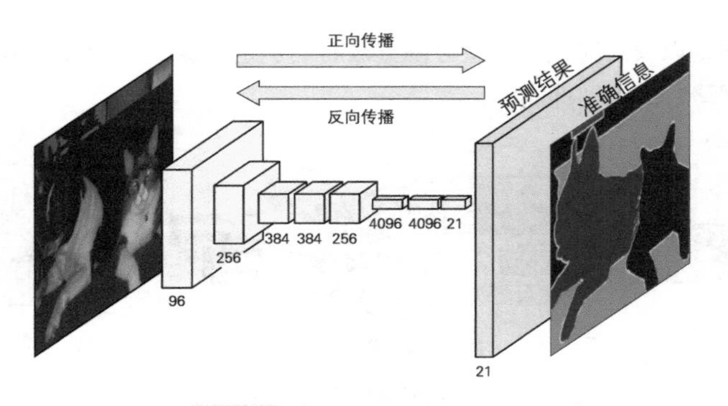

图8.12 **使用全卷积网络进行分割**

本图参考文献 [41]Figure1 制作而成

8.1.4 回归问题

典型的回归问题包括面部器官检测 [66] 和人体姿态估计 [70]。回归问题中训练的网络能够根据输入图像输出人脸区域的眼睛和嘴巴等器官的坐标，或者头和肩膀等部位的坐标。坐标矢量中，各部位的 x 和 y 坐标与输出层的单元一一对应。回归问题中使用卷积神经网络的一大优势是能够直接预测各部位的坐标，而无须考虑人体姿态的限制条件或部位之间的关系等。需要注意的是训练时要使用最小二乘误差函数。Deep Pose[70] 是基于 AlexNet 的网络结构进行人体姿态估计的方法，其结果如图 8.13 所示。Deep Pose 通过级联的网络来提高估计的准确率。首先，第一层网络初步估计各部位的坐标并把得到的位置信息输入到下一层网络。然后，第二层网络使用该位置信息估计各部位的位置，即第二层网络训练的是对位置信息的插补值。这使得网络在进行姿态估计时对于各种姿态变化具有稳健性（图 8.13）。

图8.13 **使用Deep Pose进行姿态估计**

本图摘自文献 [70]Figure8

借助级联网络结构进行面部器官检测的方法如图 8.14 所示 [66]，针对整个脸部区域的网络和针对特定区域的网络会分别去检测各器官。各区域的候选器官是固定的，如果输入上半边脸的图像，网络就会输出双眼和鼻子；如果输入下半边脸的图像，网络就会输出鼻子和嘴巴。接下来，综合这些结果初步估计各器官的大概位置，然后使用针对各器官的网络进行详细位置估计。由于这里是独立估计每个器官的位置，所以人脸检测结果对于面部朝向具有很好的稳健性。

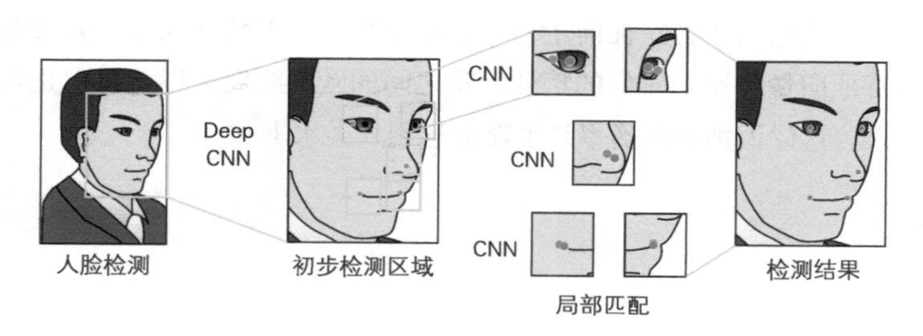

图8.14 **使用级联CNN进行人脸检测**

8.1.5 人脸识别

在图像识别领域，人脸识别的研究历史比较悠久，但是识别准确率却低于指纹识别或虹膜识别。如果只是把人脸识别应用在对数码相机或智能手机拍摄的图片进行按人分组上，识别准确率不高也没有关系，但如果将其应用在安全方面，则需要较高的识别准确率。人脸识别有两种方式：第一种叫作人脸比对，即基于二值模式，对捕捉到的人脸图像或指定的人脸图像与已认证的对象做对比，核实二者是否为同一人；第二种叫作人脸认证，即进行类别识别，从已登记人员中找出识别到的对象是谁。后者随着登记人数的规模扩大，识别难度也会增大；而前者虽然比较简单，但是人的衰老和表情变化，以及光照情况都会导致获取的人脸图像差别很大，以至于比对困难。

对于人脸比对问题，基于卷积神经网络的 Deep Face 方法 [68] 比对准确率与人类相差无几。包括人脸比对在内的人脸识别首先要剪裁人脸区域，然后利用区域内的信息进行识别，而在剪裁人脸区域时要用到面部器官检测结果，即根据面部器官检测结果中的眼睛和嘴巴的位置决定剪裁尺寸。如图 8.15 所示，Deep Face 根据三维的人脸形状信息来剪裁人脸区域。具体就是使用事先设置的三维人脸模型进行配准得到对二维人脸图像器官的位置估计。利用三维模型剪裁能够得到准确的人脸区域，从而消除人脸的位置偏差。在卷积神经网络中，池化操作只实施一次。利用卷积神经网络进行人脸比对的主要问题是如何识别未经训练的人。解决这个问题的方法就是和物体检测一样，把卷积神经网络中倒数第二个中间层的输出作为特征向量使用。存储每个人的特征向量，并计算已存储特征向量和比对对象的特征向量之间的欧氏距离，以此确定是否为同一人。这样识别的准确率几乎能够达到人类水平 [68]。

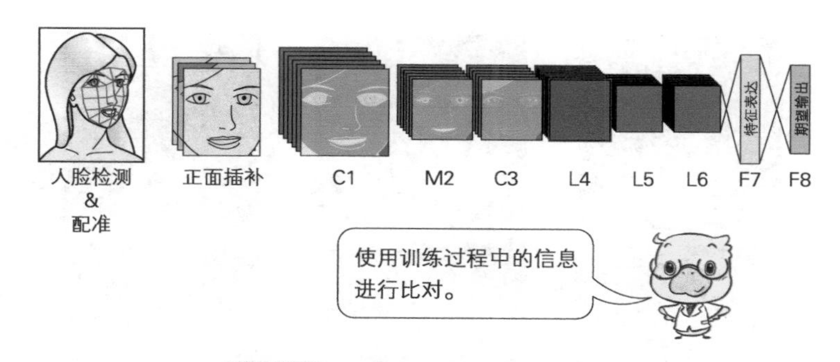

图8.15 **使用Deep Face进行人脸比对**

本图参考文献 [68]Figure2 制作而成

8.1.6 网络可视化

物体识别、物体检测、分割和姿态估计等利用了卷积神经网络的研究正在一步步扩展，与此同时，研究者对卷积神经网络表达能力的分析研究也从未止步。例如 8.1.1 节介绍的反卷积层。如图 8.16 所示，应用了反卷积层的方法会从某一层中任选单元，并对使单元做出强烈反应的区域图像进行可视化 [78]。根据图 8.16 可知，第 3 层中某些单元对网眼状或圆形图案很敏感，第 4 层中某些单元对狗的脸，以及四条腿动物和鸟类的脚很敏感，第 5 层中某些单元对人类的脸、鸟类的眼睛以及轮胎很敏感，甚至还有部分单元对更具体的物体及其局部很敏感。

研究者还通过可视化研究了哪些单元产生强烈反应时，才可以认为其对特定物体的图像很敏感。如图 8.17 所示，使用 DrawNet 时，选择某个单元后，已对该单元产生强烈反应的上一层中的单元，以及会对该单元产生强烈反应的下一层中的单元会被可视化。由此可知强烈反应的传导途径，以及产生强烈反应的单元区域 [11]。

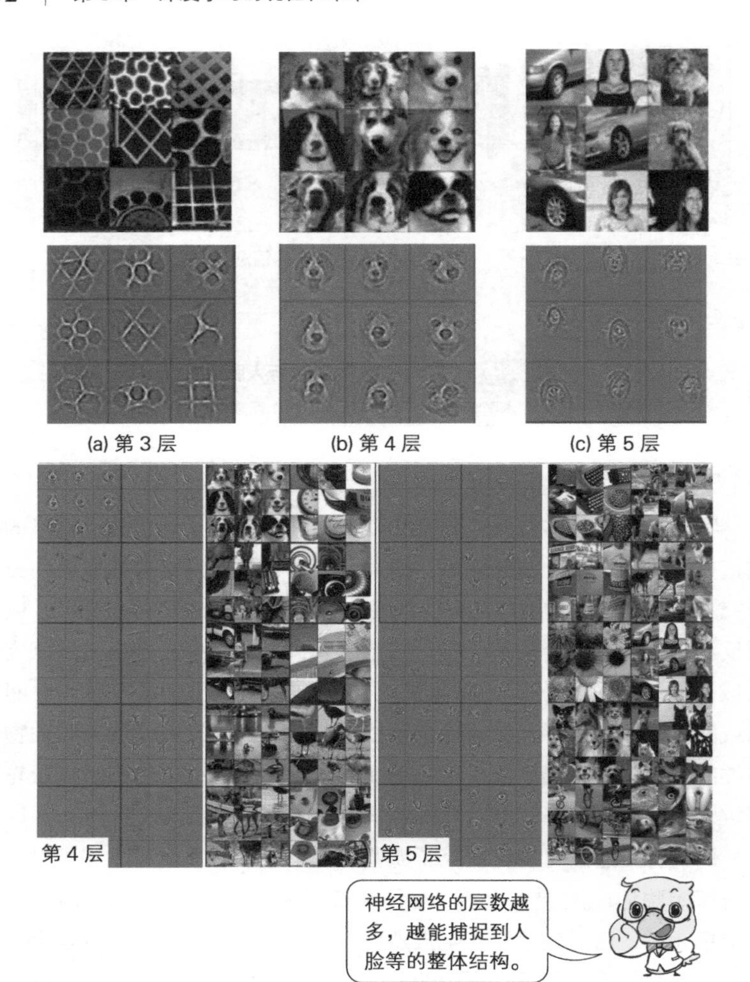

图8.16 **卷积神经网络的可视化**

本图摘自文献 [78]Figure2

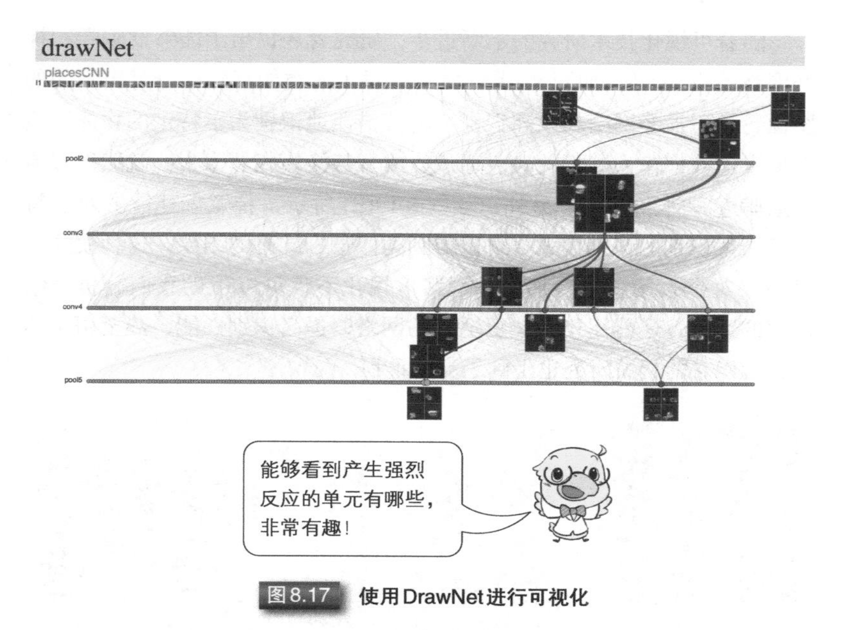

图8.17 使用DrawNet进行可视化

使用场景识别数据集 Places 训练的网络同样也能实现可视化。如图 8.18 所示，当识别结果类别为室内场景时，我们就可以看到产生强烈反应的区域有哪些 [81]。另外，Places 数据集中包含图像属性的详细信息，这些信息也能同时实现可视化显示 [80]。

图8.18 使用Places CNN进行可视化

随着可视化技术研究的不断进步，研究者还提出了能够欺骗卷积神经网络的方法 [49]。如图 8.19(a) 所示，对于人类能够轻松分辨出不同的图像，卷积神经网络却以高识别率将其错误地识别为了特定的物体。逐个像素地替换输入图像的颜色通道，或者替换掉相邻像素，就能很容易地欺骗卷积神经网络。另外，如图 8.19(b) 所示，特意创建能够对字符进行错误识别的识别模式，可以得到类似于二维码的结果，这种模式可以用来对个人信息进行加密。网络可视化不仅可以帮助我们分析网络内部的运行，还能用于甄选更适合的网络以提高识别性能，甚至用于加密，所以它的相关研究也受到了高度重视。

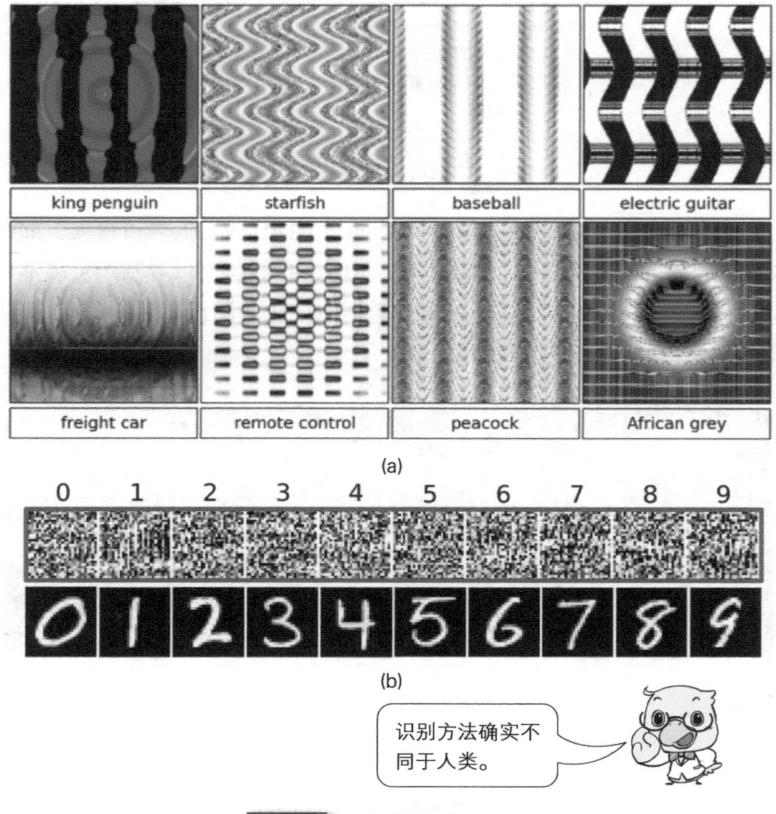

图 8.19 CNN 识别错误的图像

(a) 摘自文献 [49]Figure1 (b) 摘自文献 [49]Figure4

8.2 深度学习的未来

至此我们介绍了深度学习，特别是卷积神经网络的各种应用案例。通过大规模数据集的训练，基于卷积神经网络的物体识别和物体检测等的性能已经接近人类水平。最后，我们来介绍一些已经超越或可能超越人类水平的研究。

8.2.1 Deep Q–Network

DeepMind公司汇聚了众多机器学习领域的优秀研究人员，该公司提出的 Deep Q-Network 能够自动学习电视游戏，其游戏水平已经超越人类 [45, 46]。如图 8.20 所示，它以游戏得分作为奖励，训练如何使用游戏操纵杆才能得到更高分。训练过程中，首先选取相邻的 4 帧游戏画面作为卷积神经网络的输入，然后选择 18 种操作，这些操作包括操纵杆移动距离和是否有按钮操作等。网络选择的是对于当前输入能够得到最高分的操作。当然最高分并不是通过一次训练就能得到的，一旦失败也就意味着游戏结束，需要重新开始游戏。这与人类玩游戏的过程一样。最初开始训练的时候，经常出现得分很低或游戏很快就结束的情况，而下一次训练时网络就会采用能够在某种情况下获得较高分的操作方法，从而逐渐提高得分。经过反复训练后，大多数时候，网络在 Atari 游戏中的得分甚至能够超过人类。另外，Deep Q-Network 在 Pacman 游戏中也能得到高分。这种学习方法就称为强化学习。强化学习很久以前就出现了，Deep Q-Network 是强化学习和卷积神经网络相结合的方法。科学杂志 *Nature* 曾经刊载了这个方法，因此值得一提 [46]。

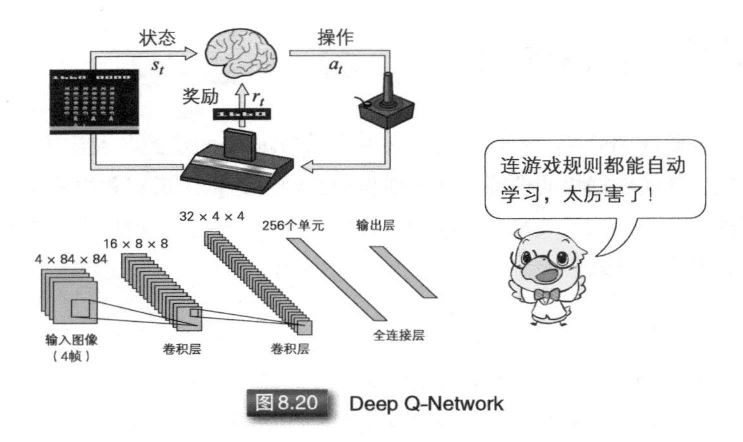

图 8.20 Deep Q-Network

8.2.2 Deep Dream

根据 8.1.6 节的介绍可知，人们目前已经能够分析出卷积神经网络中某一层单元会对哪些物体和区域产生强烈反应。Deep Dream 就是通过突出这些信息来生成新的图像的方法。如图 8.21 所示，输入含有随机噪声的图像后，这一方法甚至能生成一些虚幻类的图画。既然 Deep Dream 能够生成俨如梦幻世界一般的画作，那么也许将来的某一天，我们只需设定一个主题，计算机就能自动创作出水平不啻于画家的作品。

图 8.21 使用 Deep Dream 生成的图像

① Creative Commons 是一个国际性非营利组织，也是一种作品授权方式。这种方式可让人们在遵守某些条件的情况下自由使用作者已公开的作品。——译者注

8.3 小结

深度学习已经成功应用于多个领域，在图像识别领域更是发挥出了巨大威力。物体识别和人脸识别的性能已经接近人类水平，更高难度的物体检测也有了新进展。此外，在分割和人体姿态估计等新的应用领域，深度学习的性能也达到了很高的水平。在这些领域，应用性能应该还有很大的提升空间。Deep Q-Network 等强化学习方法和 Deep Dream 等有趣的创意都在为深度学习开拓着新的应用领域。目前而言，深度学习领域的发展日新月异，如果各位想出了新的创意，也请务必及早下手实现，以便抢占先机。

参考文献

[1] E. Aarts and J. Korst. *Simulated annealing and Boltzmann machines.* John Wiley and Sons., 1988.

[2] A. Bell and T. Sejnowski. The "independent components" of natural scenes are edge filters. *Vision Research,* Vol. 37, pp. 3327-3338, 1997.

[3] Y. Bengio. Learning deep architectures for AI. *Foundations and Trends in Machine Learning,* Vol. 2, No. 1, pp. 1-127, 2009.

[4] Y. Bengio, P. Lamblin, D. Popovici, and H. Larochelle. Greedy layer-wise training of deep networks. In *Advances in Neural Information Processing Systems (NIPS),* pp. 153-160, 2006.

[5] Caffe. http://caffe.berkeleyvision.org

[6] Chainer. http://chainer.org

[7] CIFAR-10. http://www.cs.toronto.edu/~kriz/cifar.html

[8] Clarifai. https://clarifai.com

[9] A. Coates, H. Lee, and A. Y. Ng. An analysis of single-layer networks in unsupervised feature learning. In *International Conference on Artificial Intelligence and Statistics (AISTATS),* 2011.

[10] cuDNN. https://developer.nvidia.com/

[11] DrawNet. http://people.csail.mit.edu/torralba/research/drawCNN / drawNet.html

[12] J. Duchi, E. Hazan, and Y. Singer. Adaptive subgradient methods for online learning and stochastic optimization. *Journal of Machine Learning Research,* Vol. 12, pp. 2121-2159, 2011.

[13] M. Everingham, L. Van Gool, C. K. I. Williams, J. Winn, and A. Zisserman. The pascal visual object classes (voc) challenge.

International Journal of Computer Vision (IJCV), Vol. 88, No. 2, pp. 303-338, 2010.

[14] C. Farabet, C. Couprie, L. Najman, and Y. LeCun. Learning hierarchical features for scene labeling. *IEEE Transactions on Pattern Analysis and Machine Intelligence (PAMI),* Vol. 35, No. 8, pp. 1915-1929, 2012.

[15] Y. Freund and D. Haussler. Unsupervised learning of distributions on binary vectors using two layer networks. In *Advances in Neural Information Processing Systems (NIPS),* pp. 912-919, 1991.

[16] K. Fukushima and S. Miyake. Neocognitron: A new algorithm for pattern recognition tolerant of deformations and shifts in position. *Pattern Recognition,* Vol. 15, No. 6, pp. 455-469, 1982.

[17] R. Girshick, J. Donahue, T. Darrell, and J. Malik. Rich feature hierarchies for accurate object detection and semantic segmentation. In *IEEE Conference on Computer Vision and Pattern Recognition (CVPR),* pp. 580-587, 2014.

[18] X. Glorot and Y. Bengio. Understanding the difficulty of training deep feedforward neural networks. In *International Conference on Artificial Intelligence and Statistics (AISTATS),* pp. 249-256, 2010.

[19] I. J. Goodfellow, D. Warde-Farley, M. Mirza, A. Courville, and Y. Bengio. Maxout networks. In *International Conference on Machine Learning (ICML),* 2013.

[20] K. He, X. Zhang, S. Ren, and J. Sun. Delving deep into rectifiers: Surpassing human-level performance on ImageNet classification. In *IEEE International Conference on Computer Vision (ICCV),* 2015.

[21] D. Hebb. *The Organization of Behavior.* John Wiley and Sons, 1949.

[22] G. E. Hinton. Training products of experts by minimizing contrastive divergence. *Neural Computation,* Vol. 14, No. 8, pp. 1771-1800, 2002.

[23] G. E. Hinton. A practical guide to training restricted Boltzmann

machines. *Neural Networks: Tricks of the Trade,* pp. 599-619, 2012.

[24] G. E. Hinton, L. Deng, D. Yu, G. E. Dahl, A. Mohamed, N. Jaitly, A. Senior, and V. Vanhoucke. Deep neural networks for acoustic modeling in speech recognition. *IEEE Signal Processing Magazine,* Vol. 29, No. 6, pp. 82-97, 2012.

[25] G. E. Hinton, S. Osindero, and Y. Teh. A fast learning algorithm for deep belief nets. *Neural Computation,* Vol. 18, No. 7, pp. 1527-1544, 2006.

[26] G. E. Hinton and R. Salakhutdinov. Reducing the dimensionality of data with neural networks. *Science,* Vol. 313, No. 5786, pp. 504-507, 2006.

[27] J. J. Hopfield. Neural networks and physical systems with emergent collective computational abilities. *Proceedings of the National Academy of Sciences,* Vol. 79, No. 8, pp. 2554-2558, 1982.

[28] J. J. Hopfield. Neurons with graded response have collective computational properties like those of two-state neurons. *Proceedings of the National Academy of Sciences,* Vol. 81, No. 10, pp. 3088- 3092, 1984.

[29] J. Hosang, M. Omran, R. Benenson, and B. Schiele. Taking a deeper look at pedestrians. In *IEEE Conference on Computer Vision and Pattern Recognition (CVPR), pp. 4073-4082,* 2015.

[30] D. H. Hubel and T. N. Wiesel. Receptive fields, binocular interaction and functional architecture in the cat's visual cortex. *Journal of Physiology,* Vol. 160, No. 1, pp. 106-154, 1962.

[31] D. H. Hubel and T. N. Wiesel. Receptive fields and functional architecture of monkey striate cortex. *Journal of Physiology,* Vol. 195, No. 1， pp. 215-243, 1968.

[32] ImageNet. http://www.image-net.org

[33] R. A. Jacobs. Increased rates of convergence through learning rate adaptation. *Neural Networks,* Vol. 1, No. 4, pp. 295-307, 1988.

[34] A. Krizhevsky, I. Sutsukever, and G. E. Hinton. ImageNet classification with deep convolutional neural networks. In *Advances in Neural Information Processing Systems (NIPS),* pp. 1097-1105, 2012.

[35] Y. LeCun, B. E. Boser, J. S. Denker, D. Henderson, R. E. Howard, W. E. Hubbard, and L. D. Jackel. Backpropagation applied to handwritten zip code recognition. *Neural Computation,* Vol. 1, No. 4, pp. 541-551, 1989.

[36] Y. LeCun, L. Bottou, Y. Bengio, and P. Haffner. Gradient-based learning applied to document recognition. *Proceedings of the IEEE,* Vol. 86, No. 11, pp. 2278-2324, 1998.

[37] Y. LeCun, L. Bottou, G. B. Orr, and K.-R.Müller. Efficient backprop. *Neural Networks: Tricks of the Trade,* pp. 9-48, 1998.

[38] H. Lee, C. Ekanadham, and A. Y. Ng. Sparse deep belief net model for visual area V2. In *Advances in Neural Information Processing Systems (NIPS),* pp. 873-880, 2008.

[39] H. Lee, R. B. Grosse, R. Ranganath, and A. Y. Ng. Convolutional deep belief networks for scalable unsupervised learning of hierarchical representations. In *International Conference on Machine Learning (ICML),* pp. 609-616, 2009.

[40] M. Lin, Q. Chen, and S. Yan. Network in network. In *International Conference on Learning Representation,* 2014.

[41] J. Long, E. Shelhamer, and T. Darrell. Fully convolutional networks for semantic segmentation. In *IEEE Conference on Computer Vision and Pattern Recognition (CVPR),* 2015.

[42] A. L. Maas, A. Y. Hannun, and A. Y. Ng. Rectifier nonlinearities improve neural network acoustic models. In *International Conference on Machine Learning (ICML),* 2013.

[43] W. S. McCulloch and W. Pitts. A logical calculus of the ideas immanent in nervous activity. *Bulletin of Mathematical Biophysics,* Vol. 5, No. 4, pp. 115-133, 1943.

[44] M. L. Minsky and S. A. Papert. *Perceptrons: An Introduction to Computational Geometry.* MIT press, 1987.

[45] V. Mnih, K. Kavukcuoglu, D. Silver, A. Graves, I. Antonoglou, D. Wierstra, and M. Riedmille. Playing atari with deep reinforcement learning. *arXiv:1312.5602,* 2013.

[46] V. Mnih, K. Kavukcuoglu, D. Silver, A. A. Rusu, J. Veness, M. G. Bellemare, A. Graves, M. Riedmiller, A. K. Fidjeland, G. Ostrovski, S. Petersen, C. Beattie, A. Sadik, I. Antonoglou, H. King, D. Kumaran, D. Wierstra, S. Legg, and D. Hassabis. Human- level control through deep reinforcement learning. *Nature,* Vol. 518, No. 7540, pp. 529-533, 2015.

[47] V. Nair and G. E. Hinton. Rectified linear units improve restricted boltzmann machines. In *International Conference on Machine Learning (ICML),* pp. 807-814, 2010.

[48] J. Ngiam, Z. Chen, D.Chia, P. W. Koh, Q. V. Le, and A. Y. Ng. Tiled convolutional neural networks. In *Advances in Neural Information Processing Systems (NIPS),* pp. 1279-1287, 2010.

[49] A. Nguyen, J. Yosinski, and J. Clune. Deep neural networks are easily fooled: High confidence predictions for unrecognizable images. In *IEEE Conference on Computer Vision and Pattern Recognition (CVPR),* pp. 423-436, 2015.

[50] W. Ouyang and X. Wang. Joint deep learning for pedestrian detection. In *IEEE International Conference on Computer Vision (ICCV),* 2013.

[51] J. K. Paik and A. K. Katsaggelos. Image restoration using a modified Hopfield network. *IEEE Transactions on Image Processing,* Vol. 1, No. 1, pp. 49-63, 1992.

[52] F. Perronnin, J. Sánchez, and T. Mensink. Improving the fisher kernel for large-scale image classification. In *European Conference on Computer Vision (ECCV),* pp. 143-156, 2010.

[53] Places. http://places.csail.mit.edu/downloadData.html

[54] Pylearn2. http://deeplearning.net/software/pylearn2/

[55] F. Rosenblatt. The perceptron: A probabilistic model for information storage and organization in the brain. *Psychological Review,* Vol. 65, No. 6, pp. 386-408, 1958.

[56] N. L. Roux and Y. Bengio. Representational power of restricted Boltzmann machines and deep belief networks. *Neural Computation,* Vol. 20, No. 6, pp. 1631-1649, 2008.

[57] D. E. Rumelhart, G. E. Hinton, and R. J. Williams. *Learning internal representations by error propagation.* MIT Press, 1986.

[58] D. E. Rumelhart and J. L. McClelland. *Parallel distributed processing, Vol 1: Explorations in the microstructure of cognition.* MIT Press, 1986.

[59] S. Ioffe and C. Szegedy. Batch normalization: Accelerating deep network training by reducing internal covariate shift. In *International Conference on Machine Learning,* 2015.

[60] R. Salakhutdinov and G. E. Hinton. Deep Boltzmann machines. In *International Conference on Artificial Intelligence and Statistics (AISTATS),* pp. 448-455, 2009.

[61] F. Seide, G. Li, and D. Yu. Conversational speech transcription using context-dependent deep neural networks. In *International Speech Communication Association (InterSpeech),* pp. 437-440, 2011.

[62] P. Y. Simard, D. Steinkraus, and J. C. Platt. Best practices for convolutional neural networks applied to visual document analysis. In *International Conference on Document Analysis and Recognition (ICDAR),* pp. 958-962, 2003.

[63] K. Simonyan and A. Zisserman. Very deep convolutional networks for large-scale image recognition. In *International Conference on Learning Representation,* 2015.

[64] P. Smolensky. Information processing in dynamical systems: Foundations of harmony theory. In *Parallel Distributed Processing,* pp. 194-281. MIT Press, 1986.

[65] N. Srivastava, G. E. Hinton, A. Krizhevsky, I. Sutskever, and R. Salakhutdinov. Dropout: A simple way to prevent neural networks from overfitting. *Journal of Machine Learning Research,* Vol. 15, No. 1, pp. 1929-1958, 2014.

[66] Y. Sun, X. Wang, and X. Tang. Deep Convolutional Network Cascade for Facial Point Detection. In *IEEE Conference on Computer Vision and Pattern Recognition (CVPR),* pp. 3476-3483, 2013.

[67] C. Szegedy, W. Liu, Y. Jia, P. Sermanet, S. Reed, D. Anguelov, D. Erhan, V. Vanhoucke, and A. Rabinovich. Going deeper with convolutions. In *IEEE Conference on Computer Vision and Pattern Recognition (CVPR),* 2015.

[68] Y. Taigman, M. Yang, M. Ranzato, and L. Wolf. Deep face: Closing the gap to human-level performance in face verification. In *IEEE Conference on Computer Vision and Pattern Recognition (CVPR),* 2014.

[69] Theano. http://deeplearning.net/software/theano/

[70] A. Toshev and C. Szegedy. Deep pose: Human pose estimation via deep neural networks. In *IEEE Conference on Computer Vision and Pattern Recognition (CVPR),* 2014.

[71] J. R. R. Uijlings, K. E. A. van de Sande, T. Gevers, and A. W. M. Smeulders. Selective search for object recognition. *International Journal of Computer Vision (IJCV),* Vol. 104, No. 2, pp. 154-171, 2013.

[72] P. Vincent, H. Larochelle, Y. Bengio, and P. A. Manzago. Extracting and composing robust features with denoising autoencoders. In *International Conference on Machine Learning (ICML),* pp. 1096-1103, 2008.

[73] P. Vincent, H. Larochelle, I. Lajoie, Y. Bengio, and P. A. Man- zagol. Stacked denoising autoencoders : Learning useful representations in a deep network with a local denoising criterion. *Journal of Machine*

Learning Research, Vol. 11, pp. 3371-3408, 2010.

[74] L. wan, M. Zeiler, and S. Zhang. Regularization of neural networks using dropconnect. In *International Conference on Machine Learning (ICML),* pp. 1058-1066, 2013.

[75] R. J. Williams and D. Zisper. Gradient-based learning algorithms for recurrent networks and their computational complexity. In *Back-propagation: Theory, Architectures and Applications,* pp. 433-486, 1995.

[76] B. Xu, N. Wang, T. Chen, and M. Li. Empirical evaluation of rectified activations in convolutional network. *arXiv:1505.00853,* 2015.

[77] M. D. Zeiler. AdaDelta: An adaptive learning rate method. *arXiv:1212.5701,* 2012.

[78] M. D. Zeiler and R. Fergus. Visualizing and understanding convolutional networks. In *European Conference on Computer Vision (ECCV),* pp. 818-833, 2014.

[79] M. D. Zeiler, D. Krishnan, G. W. Taylor, and R. Fergus. Deconvolutional networks. In *IEEE Conference on Computer Vision and Pattern Recognition (CVPR),* pp. 2528-2535, 2010.

[80] B. Zhou, A. Khosla, A. Lapedriza, A. Oliva, and A. Torralba. Object detectors emerge in deep scene cnns. *International Conference on Learning Representation (ICLR),* 2015.

[81] B. Zhou, A. Lapedriza, J. Xiao, A. Torralba, and A. Oliva. Learning deep features for scene recognition using places database. *In Advances in Neural Information Processing Systems (NIPS*), 2014.

[82] 岡谷貴之，深層学習.講談社，2015.

[83] 浅川伸一.ディープラーニング，ビックデータ，機械学習.新曜社，2015.

[84] M. Abadi, A. Agarwal, P. Barham *et al.* TensorFlow: Large-scale machine learning on heterogeneous distributed systems. *Preliminary White Paper,* 2015.

[85] L. J. Ba and B. Frey. Adaptive dropout for training deep neural networks. In *Advances in Neural Information Processing Systems (NIPS),* pp. 3084-3092, 2013.

[86] H. Fukui, T. Yamashita, Y. Yamauchi, H. Fujiyoshi, and H. Murase. Pedestrian detection based on deep convolutional neural network with ensemble inference network. In *IEEE Intelligent Vehicles Symposium,* 2015.

[87] R. Girshick. Fast R-CNN. In *IEEE International Conference on Computer Vision (ICCV),* 2015.

[88] K. He, X. Zhang, S. Ren, and J. Sun. Deep residual learning for image recognition. *arXiv:1512.03385,* 2015.

[89] S. Lazebnik, C. Schmid, and J.Ponce. Beyond bags of features: spatial pyramid matching for recognizing natural scene categories. In *IEEE International Conference on Computer Vision (ICCV),* 2006.

[90] A. Quattoni and A. Torralba. Recognizing indoor scenes. In *IEEE Conference on Computer Vision and Pattern Recognition (CVPR),* 2009.

[91] S. Ren, K. He, R. Girshick, and J. Sun. Faster R-CNN: Towards real-time object detection with region proposal networks. In *Advances in Neural Information Processing Systems (NIPS),* 2015.

[92] J. Xigo, J. Hays, K. A. Ehinger, A. Oliva, and A. Torralba. SUN database: large-scale scene recognition from Abbey to Zoo. In *IEEE Conference on Computer Vision and Pattern Recognition (CVPR),* 2010.

[93] K. Fukushima. Neocognitron: A hierarchical neural network capable of visual pattern recognition. *Neural Networks,* Vol. 1, No. 2, pp. 119-130, 1988.

版权声明